海岛旅游与生态环境协调发展的实践与创新

邓 捷 ◉ 著

湘潭大学出版社
XIANGTAN UNIVERSITY PRESS

图书在版编目（CIP）数据

海岛旅游与生态环境协调发展的实践与创新 / 邓捷著. -- 湘潭 : 湘潭大学出版社, 2024.4
ISBN 978-7-5687-1442-6

Ⅰ. ①海… Ⅱ. ①邓… Ⅲ. ①岛－旅游业发展－关系－生态环境－协调发展－研究－中国 Ⅳ. ①F592.7 ②X321.2

中国国家版本馆 CIP 数据核字（2024）第 093363 号

海岛旅游与生态环境协调发展的实践与创新

HAIDAO LÜYOU YU SHENGTAI HUANJING XIETIAO FAZHAN DE SHIJIAN YU CHUANGXIN

邓捷 著

责任编辑：张宝香　郭　瑜
封面设计：李　平
出版发行：湘潭大学出版社
社　　址：湖南省湘潭大学工程训练大楼
电　　话：0731-58298960 0731-58298966（传真）
邮　　编：411105
网　　址：http://press.xtu.edu.cn/
印　　刷：长沙创峰印务有限公司
经　　销：湖南省新华书店
开　　本：710 mm×1000mm 1/16
印　　张：10.25
字　　数：180 千字
版　　次：2024 年 4 月第 1 版
印　　次：2024 年 4 月第 1 次印刷
书　　号：ISBN 978-7-5687-1442-6
定　　价：46.00 元

前　言

共同富裕是指通过全体人民的辛勤劳动和相互帮助，获得更好的生活条件，达到丰衣足食的生活水平。在两极分化和贫困问题的背景下，实现共同富裕成为一种明显趋势。我国是一个地广人多的国家，要实现共同富裕不能达到同时富裕，最为有效的方式是以富带富，首先让一部分人一部分地区先富起来，然后再使其带动另一部分人另一部分地区富裕，以此达到共同富裕的目的。在社会与经济共同发展的现如今，共同富裕也就不单单指生活中所需的物质生活需求得以满足，还指精神富足，同时还包括生态环境条件。在逐渐实现共同富裕的同时，旅游行业也飞速发展，海岛旅游成为人们在选择旅游方式时的选项之一，因此在海岛旅游发展过程中，与生态环境协调发展也显得更为重要。

海岛旅游热潮带来经济效益的同时，对海岛生态环境也提出了挑战，所以学者逐渐关注海岛旅游生态安全与环境承载力的评价研究。林东提出评价海岛旅游生态安全的三大关键要素，并设计出两个指标用于评价海岛旅游生态安全，科学严谨的海岛旅游评价体系对于更快更好地发展海岛旅游大有裨益。我国拥有众多海岛，这些海岛之间具有相似的资源特征，因此海岛旅游发展模式面临明显的空间竞争。有学者认为既然部分海岛之间资源特征相似，可以采用区域联合、整合开发的发展模式，形成竞争合力。

本书围绕共同富裕背景下海岛旅游与生态环境协调发展展开研究。首先介绍了舟山群岛的地理背景和旅游资源情况，分析了舟山群岛旅游发展面临的生态环境压力和挑战；其次探讨了舟山群岛在海岛旅游与生态环境协调发展方面的实践经验和创新举措，提出了科学规划和管理措施；最后总结了舟山群岛的实践经验和创新成果，并提出进一步完善和推进的建议。本书通过研究舟山群岛，为其他海岛地区的旅游与生态环境协调发展提供借鉴和参考，为共同富裕背景下的海岛旅游与生态环境协调发展提供理论指导和实践倡导。

目 录

第一章 共同富裕与海岛旅游概述

习近平总书记在中央财经委员会第十次会议总结和强调新时代共同富裕的理念，现阶段共同富裕是要深入研究不同阶段的目标，分阶段促进共同富裕：到“十四五”末，全体人民共同富裕迈出坚实步伐，居民收入和实际消费水平差距逐步缩小。到2035年，全体人民共同富裕取得更为明显的实质性进展，基本公共服务实现均等化。到本世纪中叶，全体人民共同富裕基本实现，居民收入和实际消费水平差距缩小到合理区间。

共同富裕理念与海岛旅游发展的背景相互契合。共同富裕是中国特色社会主义的重要理念，旨在实现全体人民共同繁荣。而海岛旅游作为新兴产业，拥有丰富的自然资源和旅游资源，为当地经济发展提供了新的增长点。在共同富裕理念的指导下，海岛旅游成为了促进经济社会全面发展、实现共同富裕目标的重要途径。

共同富裕理念与海岛旅游发展的结合具有重要意义。海岛旅游作为具有独特魅力和经济潜力的产业，不仅可以促进当地经济的发展，还可以提升居民的生活水平，增加就业机会，改善生态环境，推动当地社会的繁荣。通过共同富裕理念的引导，海岛旅游发展可以更好地服务于人民群众的美好生活需求，实现经济增长与社会公平的有机结合。

共同富裕理念与海岛旅游发展的融合具有深远影响。海岛旅游作为一种新型产业模式，注重生态环境保护、文化传承、社会责任，与共同富裕理念的内涵相契合。通过海岛旅游的发展，可以推动当地经济的多元化发展，促进资源优势的充分利用。同时，海岛旅游的蓬勃发展也为当地居民提供了更多的就业机会和创业空间，增加了居民的收入来源，助力共同富裕目标的实现。

共同富裕理念与海岛旅游发展的背景和意义密切相关，共同富裕理念为海岛旅游的发展提供了强大的政策支持和指导，海岛旅游的蓬勃发展也为共同富裕目标的实现提供了有力的支撑。共同富裕与海岛旅游的融合将为中国经济社会的可持续发展注入新的活力，推动全体人民共同享有经济发展成果，实现更加美好的生活。

第一节　共同富裕

共同富裕理念是指社会经济发展的目标是让所有人都能够分享发展成果，实现经济、社会、文化等各方面的全面发展和共同繁荣。这一理念强调的不仅仅是经济增长，还包括提高人民的生活水平、促进社会公平正义、保护生态环境等方面。习近平总书记在党的二十大报告中明确了中国式现代化的本质要求：坚持中国共产党领导，坚持中国特色社会主义，实现高质量发展，发展全过程人民民主，丰富人民精神世界，实现全体人民共同富裕，促进人与自然和谐共生，推动构建人类命运共同体，创造人类文明新形态。

一、共同富裕的内涵

共同富裕是一个宏观的社会发展目标，从具体的内容来看，共同富裕有以下几个方面的内涵：

一是在物质生活上，要实现共同富裕，就要提高居民的收入水平，同时要不断完善社会保障体系，保证居民的基本生活需求，保障弱势群体的权益。要实现这一目标，就要在经济发展的基础上推动城乡居民收入水平的提高，因为只有收入水平提高，才能让更多人有能力消费，从而拉动生产。同时也要关注城乡之间、地区之间、行业之间、职业之间的收入差距。

二是在精神生活上，共同富裕并不是简单地满足人民群众日益增长的物质文化需要。我们要在社会主义市场经济条件下推动物质文化生活水平的提高，同时也要注重满足人民群众日益增长的精神文化需求，将精神文化建设纳入经济社会发展规划之中。

三是在社会公平正义上，共同富裕不仅要求人们物质生活上得到改善，还要让人民群众享有更好的教育、更稳定的工作、更满意的收入和更可靠的社会保障。这就需要坚持依法治国、依法执政、依法行政共同推进，坚持法治国家、法治政府、法治社会一体建设。

四是在生态文明上，共同富裕要求保护和改善生态环境，加快生态文明体制改革和建设。我们要通过实施可持续发展战略来实现共同富裕目标，同时也要确保人民群众享有良好的生态环境。实现可持续发展不仅要求经济社会发展不能以破坏环境为代价，还要在经济发展和环境保护之间实现平衡。只有这样才能保证社会和谐稳定、人民安居乐业。

五是在社会和谐稳定上，共同富裕要求我们通过健全社会保障制度，强化对弱势群体的关心和帮扶，构建和谐的社会关系。共同富裕并不是要“均贫富”，而是要求在发展经济的过程中，不能把经济发展建立在牺牲环境、浪费资源、破坏生态的基础上，而是要坚持可持续发展战略，让经济发展建立在生态文明的基础上，实现人与自然和谐共处。

六是在共同富裕的制度保障上，共同富裕要求我们健全完善有利于效率提升和公平分配的相关制度机制。中国的共同富裕不是少数人的富裕，也不是整齐划一的平均主义，而是要通过一系列制度安排使全体人民朝着共同富裕目标扎实迈进。

二、新时代推进共同富裕的实践要求

（一）保持战略定力

共同富裕是中国特色社会主义的本质要求，是中国式现代化的重要特征。

党的十八大以来，习近平总书记提出了一系列新理念新思想新战略，极大丰富了我们党对实现共同富裕的规律性认识，为推进全体人民共同富裕提供了根本遵循和行动指南。新时代新征程，我们要完整、准确、全面理解推进共同富裕的实践要求，推动全体人民共同富裕取得更为明显的实质性进展。

共同富裕是一个长远目标，需要一个过程，不可能一蹴而就。我国 14 亿多人口要整体迈入现代化社会，在人类历史上没有先例可循，必须坚持以人民为中心的发展思想，坚持发展为了人民、发展依靠人民、发展成果由人民共享。党在领导人民进行革命、建设和改革的过程中，始终围绕实现中华民族伟大复兴主题，从理论和实践两方面对实现共同富裕问题进行了一以贯之的持续探索。

进入新时代，以习近平同志为核心的党中央观大势、把方向、谋全局，扎实推进共同富裕。习近平总书记强调，要深入研究不同阶段的目标，分阶段促进共同富裕：到“十四五”末，全体人民共同富裕迈出坚实步伐，居民收入和实际消费水平差距逐步缩小。到 2035 年，全体人民共同富裕取得更为明显的实质性进展，基本公共服务实现均等化。到 21 世纪中叶，全体人民共同富裕基本实现，居民收入和实际消费水平差距缩小到合理区间。党中央的重大战略部署，完整勾画了促进全体人民共同富裕的时间表、路线图。

新时代新征程，推进全体人民共同富裕仍然面临诸多挑战。我国幅员辽阔、人口众多，各地区自然资源禀赋差别之大在世界上是少有的，对实现共同富裕的长期性、艰巨性、复杂性要有充分估计。

要充分发挥党的全面领导的政治优势和制度优势，做好共同富裕的顶层设计。既要做好系统推进，构建关于共同富裕的基础性制度安排，因时因势、因地制宜设置阶段性任务，也要做好重点突破，实现各阶段发展目标，制定针对性政策安排。要协调各方利益、动员各方力量，正确认识和处理当前发展与长远发展的关系，把当前利益和长远利益结合起来，凝聚全社会关于共同富裕的共识。针对区域差距，进一步实施区域协调发展战略；针对城乡差距，进一步巩固拓展脱贫攻坚成果，全面推进乡村振兴、加强农村基础设施和公共服务体系建设；针对民生短板，进一步完善社会救助体系，在教育、医疗、住房等领域构建基本的保障体系。只要坚持和加强党的全面领导，咬定目标不放松，一张蓝图干到底，就一定能以强大的战略定力，在促进全体人民共同富裕的道路上不断迈出坚实步伐。

（二）激发内生动力

推进共同富裕，需要激发人民群众的内生动力。人民是我们党执政的最大底气。中国共产党一路走来，始终重视人民群众的智慧和力量，善于依靠人民群众不断创造新的伟业。“民生在勤，勤则不匮”。习近平总书记指出：“幸福生活都是奋斗出来的，共同富裕要靠勤劳智慧来创造。”实现共同富裕，需要全体人

民通过辛勤劳动来实现。事实充分证明，人民是真正的英雄，激励人民群众自力更生、艰苦奋斗的内生动力，对人民群众创造自己的美好生活至关重要。共同富裕是中国特色社会主义的本质要求，也是一个长期的历史过程。要坚持把实现人民对美好生活的向往作为现代化建设的出发点和落脚点，着力维护和促进社会公平正义，着力促进全体人民共同富裕，坚决防止两极分化。

激发共同富裕的内生动力，要尊重和发挥人民群众的主体性。人民是历史的创造者，是物质财富的创造者，也是精神财富的创造者，推动共同富裕要依靠人民群众共同奋斗。“十四五”规划和2035年远景目标纲要提出：“坚持人民主体地位，坚持共同富裕方向，始终做到发展为了人民、发展依靠人民、发展成果由人民共享，维护人民根本利益，激发全体人民积极性、主动性、创造性，促进社会公平，增进民生福祉，不断实现人民对美好生活的向往。”新时代新征程，推进全体人民共同富裕必须树牢群众观点、贯彻群众路线，坚持一切为了人民、一切依靠人民，从群众中来、到群众中去，善于广泛动员群众、组织群众，和人民想在一起、干在一起，充分发挥亿万人民的创造伟力。

激发共同富裕的内生动力，要让人民群众共享改革发展成果。只有这样，才能更充分调动广大人民群众的积极性、主动性、创造性，使共同富裕的内生动力源源不断。习近平总书记强调："要充分发扬民主，广泛汇聚民智，最大激发民力，形成人人参与、人人尽力、人人都有成就感的生动局面。"共享是中国特色社会主义的本质要求，共享理念实质就是坚持以人民为中心的发展思想，体现的是逐步实现共同富裕的要求，使全体人民在共建共享发展中有更多获得感，增强发展动力，增进人民团结，朝着共同富裕方向稳步前进。新时代新征程，要畅通向上流动通道，给更多人创造致富机会。鼓励每个人都通过自身的奋斗获得幸福生活、享受发展成果，让人民群众获得感、幸福感、安全感更加充实、更有保障、更可持续。

（三）增强发展实力

发展是解决我国一切问题的基础和关键。我国仍处于并将长期处于社会主义初级阶段的基本国情没有变，我国是世界最大发展中国家的国际地位没有变，要持续做大经济总量、提升发展质量。习近平总书记指出，"以经济建设为中心是兴国之要，发展仍是解决我国所有问题的关键""发展是基础，经济不发展，一切都无从谈起"。党的二十大报告强调，高质量发展是全面建设社会主义现代化国家的首要任务。发展是党执政兴国的第一要务。没有坚实的物质技术基础，就不可能全面建成社会主义现代化强国。

改革开放后，我们党深刻总结正反两方面历史经验，认识到贫穷不是社会主义，打破传统体制束缚，允许一部分人、一部分地区先富起来，推动解放和发展社会生产力。进入新时代，以习近平同志为核心的党中央团结带领人民打赢脱贫攻坚战，全面建成小康社会，为扎实推进共同富裕奠定了坚实的物质基础。

进入新发展阶段，要在高质量发展中促进共同富裕。一方面，发展不平衡不充分问题已经成为当前影响共同富裕实现的主要因素。要促进城乡区域协调发展、经济发展质量提升，用好政策空间、找准发力方向，把实施扩大内需战略同深化供给侧结构性改革有机结合起来，持续深化改革开放，切实防范化解重点领域风险，推动经济实现质的有效提升和量的合理增长。另一方面，人民群众对美好生活的向往呈现多样化、多层次、多方面的特点。要解决好人民群众最关心最直接最现实的利益问题，让现代化建设成果更多更公平惠及全体人民。高质量发展就是能够很好满足人民日益增长的美好生活需要的发展，是体现新发展理念的发展，是创新成为第一动力、协调成为内生特点、绿色成为普遍形态、开放成为必由之路、共享成为根本目的的发展。

在高质量发展中促进共同富裕，要坚持全面深化改革，解放生产力、发展生产力，坚持质量第一、效益优先，切实转变发展方式，推动质量变革、效率变革、动力变革；要推动经济社会发展绿色化、低碳化，孕育新技术、催生新业态、创造新供给、形成新需求，为高质量发展提供强大绿色发展动能；要着力提高供给能力、改善供给结构，减少无效供给、扩大有效供给，提供更多高质量的产品和服务。同时，要大力提升自主创新能力，尽快突破关键核心技术。习近平总书记指出："现在，我国经济社会发展和民生改善比过去任何时候都更加需要科学技术解决方案，都更加需要增强创新这个第一动力。"应紧紧抓住新一轮科技革命和产业变革机遇，顺应新技术发展趋势，推动互联网、大数据、人工智能和制造业深度融合，为高质量发展提供新动能。把满足人民对美好生活的向往作为科技创新的落脚点，把惠民、利民、富民、改善民生作为科技创新的重要方向。

（四）发挥制度潜力

在推动高质量发展、做好做大"蛋糕"的同时，进一步分好"蛋糕"。具体而言，要不断完善收入分配制度，坚持按劳分配为主体、多种分配方式并存，构建初次分配、再分配、第三次分配协调配套的制度体系，形成人人享有的合理分配格局，缩小收入分配差距，促进社会公平正义。

发挥好初次分配的基础性作用。初次分配主要依靠市场机制，根据劳动、土地、资本、数据等生产要素在生产过程中的贡献进行分配，奠定收入分配的基本格局。要坚持按劳分配为主体、多种分配方式并存，坚持使市场在资源配置中起决定性作用，坚持居民收入增长和经济增长基本同步、劳动报酬提高与劳动生产率提高基本同步。努力提高居民收入在国民收入分配中的比重，提高劳动报酬在初次分配中的比重，增加劳动者特别是一线劳动者劳动报酬。

发挥好再分配的保障性作用。在再分配环节，用好税收等调节杠杆，加大税收、社保、转移支付等的调节力度并提高精准性。着力“提低、扩中、调高”，形成中间大、两头小的橄榄型分配结构。“提低”就是要促进基本公共服务均等化，加大普惠性人力资本投入，完善养老和医疗保障体系、兜底救助体系、住房供应和保障体系。“扩中”就是要着力扩大中等收入群体规模，抓住重点、精准施策，推动更多低收入人群迈入中等收入行列。“调高”就是要加强对高收入的规范和调节，依法保护合法收入，合理调节过高收入。在这方面，也要清理规范隐性收入、取缔非法收入，坚决避免垄断资源、寻租腐败、走私贩私、偷税漏税等问题。

发挥好第三次分配的补充性作用。加强慈善领域法治建设，完善慈善财产使用与分配的约束机制，健全慈善综合监管体系，形成目标统一、行为有序的第三次分配运行模式。弘扬中华民族乐善好施、守望相助的传统文化，引导更多个人、社团和企业自愿积极参与社会公益事业。加强慈善组织专业性、规范性建设，建立健全慈善组织、志愿者、捐赠方和政府部门协调联动机制，创造有利于公益慈善事业发展的社会环境，合力推动全体人民共同富裕取得更为明显的实质性进展。

三、发展旅游产业对共同富裕的促进作用

旅游产业是指以旅游资源为依托，以旅游活动为主要内容，以旅游业的相关产业为辅助的一种综合性产业，是推动经济增长的重要力量。改革开放以来，我国的旅游产业得到了迅猛发展，旅游业已经成为我国国民经济的重要组成部分。旅游业是一个综合性、跨界的产业，它具有经济、社会、生态

等多重属性。随着人们生活水平的不断提高以及旅游业自身发展要求的不断提高，旅游已经成为推动地区经济发展和人民生活水平提高的重要动力。

在经济发展方面，旅游业具有带动作用。旅游业是一种综合性产业，它能够带动其他相关产业发展，推动整个社会经济增长，同时还可以促进城乡居民收入水平的提高。旅游业在发展过程中不仅可以创造就业机会，还能够带动教育、卫生、社会保障等其他相关产业发展，从而带动整个社会经济增长。

通过旅游业发展带动区域经济增长，是旅游业与区域经济融合发展的重要途径。随着旅游产品不断丰富和旅游市场的不断扩大，以及旅游地对市场的不断认识和理解，旅游业越来越成为一个跨行业、跨地域、跨国界的综合性产业。这种综合性产业不仅为区域经济增长提供了重要动力，同时也带动了其他相关产业的发展。旅游目的地可以通过打造特色品牌、加大宣传力度、加强与其他行业合作等方式来提高其知名度和影响力。比如一些具有历史文化特色的旅游目的地可以通过举办节会活动、开展文化表演等方式来提高自身知名度，吸引游客前来观光旅游。同时一些具有地域特色的旅游目的地可以通过建立特色小镇等方式来发展旅游业，提高地方知名度和影响力。

因此，旅游产业是实现共同富裕的重要途径之一。通过发展旅游业，不仅可以带动区域经济增长、增加居民收入，而且还能够改善人民生活质量、促进社会和谐稳定。

四、共同富裕理念对海岛旅游发展起指导作用

海岛是我国海洋资源较为丰富的区域之一，拥有独特而优美的自然环境和人文景观。在新时代背景下，发展海岛旅游已成为促进共同富裕和提升海岛居民生活质量的重要途径之一。同时海岛旅游也是促进海岛地区经济发展、实现共同富裕的重要手段，海岛旅游的发展与共同富裕之间有着密切联系，共同富裕理念为海岛旅游的发展提供了指导方向。

第一，共同富裕理念有利于提高海岛居民收入水平。从宏观角度看，共

同富裕理念为解决我国贫富差距过大问题提供了根本指导，同时也为海岛旅游发展提供了指导方向。要想实现共同富裕，首先就要解决好贫富差距过大的问题，要通过发展经济来提高居民收入水平。随着我国社会生产力的不断提升，经济体制改革的深入推进，我国收入分配制度逐步完善，社会主义市场经济体制基本形成，这也为发展海岛旅游提供了有利条件。

我国作为一个多民族国家，各地区之间存在着很大的差别。因此在发展海岛旅游过程中要注意平衡好各地区之间的发展差距，同时也要促进海岛地区社会公平。共同富裕理念要求我们在发展经济的同时要注重维护社会公平，强调教育公平和社会保障公平。通过教育公平和社会保障公平可以有效缩小贫富差距，提高海岛居民的生活质量。

近年来，随着我国旅游业的不断发展和旅游消费需求的不断提升，我国旅游产业规模不断扩大，旅游产品和服务水平不断提高。但是在发展过程中也存在一些问题：首先是国内游客数量不断增多，但是国外游客数量相对较少；其次是国内旅游消费水平远高于国外游客消费水平；最后是国内旅游产业结构不合理、服务质量和水平相对较低、旅游发展不均衡、旅游产品单一、旅游基础设施落后等问题，这些都限制了旅游业的进一步发展。因此在发展海岛旅游时要注意处理好各地区之间的关系，平衡好各地区发展，促进海岛经济的可持续发展。

第二，共同富裕理念有利于提高海岛居民生活水平。我国的基本国情是人口众多，人均资源少，海岛地区人口相对较少，资源相对丰富。因此在发展海岛旅游时要注意实现共同富裕，要通过旅游来带动产业发展、增加就业机会、提高居民收入水平。共同富裕理念要求我们在发展经济的同时要注重促进社会公平、维护社会稳定，要通过制度创新、政策调整等方式来促进共同富裕目标的实现。具体来说，共同富裕理念要求我们在发展经济的同时要注重维护社会公平、实现社会公平正义。这就要求我们在发展经济的过程中要注重区域协调发展，通过提高收入水平来缩小地区间收入差距；同时也要注重文化公平和教育公平，通过教育公平和优化教育资源配置来缩小贫富差距。

在大力发展旅游产业的同时也要注意保护好生态环境，实现人与自然和谐共生。海岛地区由于受到经济发展水平和人口规模等因素的限制，在开发旅游资源时往往存在着破坏环境、破坏生态等问题。在海岛旅游的开发过程中要注意保护好生态环境，通过完善生态文明体制改革来推动海洋资源的可持续利用和海洋环境保护。

第二节　海岛旅游

在共同富裕的理念引领下，海岛旅游作为中国旅游业的重要组成部分，扮演着促进经济发展、文化交流和生态保护的重要角色。作为一个海洋大省，中国拥有众多美丽的海岛资源，其中海岛作为一个典型的旅游目的地，展现了共同富裕背景下旅游业的实践与探索。

一、海岛旅游的内涵

海岛旅游，作为一种特殊的旅游形式，通常指的是以海岛为目的地，利用海岛的自然景观、人文历史、民俗文化等资源，为游客提供休闲、娱乐、观光、度假等服务的旅游活动。海岛旅游凭借其独特的海洋风光、宜人的气候、丰富的海洋生物资源以及深厚的文化底蕴，逐渐成为全球旅游市场中的热点和亮点。

海岛旅游在旅游产业发展中注重挖掘本地文化和传统产业。通过开展海岛文化体验活动、举办渔村民俗展示和推广海岛特色美食等方式，使游客更加深入地了解当地的历史文化和民俗风情，增强游客的参与感和体验感。同时，海岛旅游将传统渔业、海产品加工等本地产业与旅游业进行有机结合，促进当地经济的繁荣和发展。

海岛旅游注重生态环境保护和可持续发展。在海岛旅游开发中，坚持生态优先、绿色发展的原则，加强海洋保护和岛屿生态修复工作，保护珍稀物种和海洋环境，提升旅游目的地的可持续发展能力。同时，海岛旅游推广绿色出行、低碳旅游理念，倡导游客爱护环境、文明旅游，共同守护海岛美丽的蓝天、碧海和净土。

二、海岛旅游发展的现状

（一）在全球旅游市场中的地位

海岛旅游在全球范围内拥有广泛的游客群体。无论是欧美发达国家还是亚洲新兴市场，海岛旅游都受到了广大游客的青睐。在欧美国家，许多著名的海岛如希腊的圣托里尼、美国的夏威夷、加勒比海地区的巴哈马等，早已成为国际游客向往的旅游胜地。而在亚洲，马尔代夫、巴厘岛等海岛，也以其独特的魅力吸引着越来越多的游客。

在全球旅游市场中，海岛旅游的地位日益重要。一方面，海岛旅游丰富了旅游产品的多样性，为游客提供了更多元化的旅游选择。与传统的城市旅游、文化旅游、生态旅游等相比，海岛旅游以其独特的海洋风情和海岛文化，为游客带来了全新的旅游体验；另一方面，海岛旅游也促进了旅游业的创新和发展。海岛旅游的开发和管理需要不断创新和完善，以适应游客日益多样化的需求，这也在一定程度上推动了旅游业的进步和发展。

海岛旅游之所以能够在全球旅游市场中占据重要地位，还与其独特的资源和优势密不可分。首先，海岛拥有得天独厚的自然环境。清澈的海水、细腻的沙滩、丰富的海洋生物资源以及迷人的海岛风光，为游客提供了绝佳的旅游体验。其次，海岛文化独具魅力。海岛上的居民往往保留着独特的生活方式和传统文化，这些文化元素与海岛的自然景观相结合，形成了独特的海岛旅游文化。此外，海岛旅游还具有较强的季节性吸引力。在炎热的夏季，海岛成为游客避暑休闲的好去处；而在寒冷的冬季，一些气候宜人的海岛则成为游客度假旅游的首选。

同时，海岛旅游的发展也离不开全球化和互联网技术的推动。随着全球化的深入发展，人们的出行方式和旅游观念发生了深刻的变化，越来越多的人开始追求个性化的旅游体验，而海岛旅游正是满足了这一需求。此外，互联网技术的发展也为海岛旅游的宣传和推广提供了便利。通过互联网平台，海岛旅游目的地可以更加便捷地向全球游客展示其独特的魅力和资源，吸引更多的游客前来旅游。

然而，海岛旅游在全球旅游市场中的地位也面临着一些挑战。一方面，随着海岛旅游的不断发展，市场竞争也日趋激烈。如何在众多的海岛中脱颖而出，成为游客心目中的理想旅游目的地，是发展海岛旅游经济的海岛所在地需要面对的重要问题；另一方面，海岛旅游的发展也需要注重可持续性和环境保护。在开发和管理过程中，需要平衡经济效益和生态效益的关系，确保海岛的健康持续发展。

（二）海岛旅游资源与特色

海岛，作为地球上独特的地理景观，拥有着得天独厚的自然资源和丰富的文化特色。这些资源和特色构成了海岛旅游的核心吸引力，使得游客能够在这里体验到别样的旅游乐趣。本节将从自然资源和文化特色两个方面，深入探讨海岛旅游资源与特色的魅力所在。

1. 自然资源

海岛的自然资源是海岛旅游发展的基础。这些资源包括美丽的海滩、清澈的海水、迷人的海岛景观以及丰富的海洋生物资源等。

（1）美丽的海滩

海岛拥有宽阔的海岸线和细腻的沙滩，这些海滩成了游客休闲娱乐的好去处。在阳光的照射下，金色的沙滩与碧蓝的海水相映成趣，构成了一幅美丽的画卷。游客可以在这里尽情享受沙滩浴、日光浴和海水浴，感受大自然的恩赐。

（2）清澈的海水

海岛的海水通常清澈见底，透明度极高。游客可以在这里进行潜水、浮潜等水上活动，观赏海底世界的奇妙景观，如五彩斑斓的珊瑚、形态各异的海洋生物等。这种与海洋生物亲密接触的体验，让游客对海洋产生了更深的敬畏和喜爱。

（3）迷人的海岛景观

海岛通常具有独特的海岛景观，如奇峰异石、悬崖峭壁、瀑布溪流等，这些景观与海洋沙滩相互映衬，形成了独特的海岛风貌，游客在这里可以感受到大自然的鬼斧神工和无限魅力。

（4）丰富的海洋生物资源

海岛周边的海域是海洋生物的宝库。这里有着丰富多样的海洋生物资源，包括各种鱼类、贝类、海龟、海豚等，这些生物不仅为游客提供了观赏的乐趣，也为渔业和海洋生物保护等产业提供了可持续发展的基础。

2. 文化特色

除了丰富的自然资源外，海岛还拥有着深厚的文化底蕴和独特的文化特色，这些文化特色为海岛旅游增添了更多的魅力和吸引力。

（1）民俗风情

海岛上的居民往往保留着独特的生活方式和传统文化。这些传统文化包括海岛音乐、舞蹈、手工艺等，它们反映了海岛居民的生活习俗和审美观念。游客在这里可以亲身感受到海岛文化的独特魅力，与当地居民进行互动和交流。

（2）特色美食

海岛的美食文化也是海岛旅游的一大亮点。海鲜是海岛美食的代表，游客在这里可以品尝到新鲜美味的海鲜料理。此外，海岛上的特色小吃和饮品也各具特色，如热带水果、椰子汁等，让游客的味蕾得到了极大地满足。

（3）传统手工艺

海岛上的传统手工艺也是海岛文化的重要组成部分。这些手工艺包括编织、陶艺、木雕等，它们以精湛的工艺和独特的风格吸引了众多游客。游客在这里可以欣赏到手工艺品的精美制作过程，感受手工艺人的匠心独运和创造力。

（4）海岛历史文化

许多海岛都有着悠久的历史和丰富的文化遗产。这些历史文化遗产包括古老的城堡、寺庙、博物馆等，它们见证了海岛的发展历程和文明传承。游客在这里可以感受到海岛的历史底蕴和文化韵味，增强对海岛的认知和了解。

海岛旅游资源与特色是构成海岛旅游吸引力的重要组成部分。丰富的自然资源如美丽的海滩、清澈的海水、迷人的海岛景观以及丰富的海洋生物资源等，为游客提供了独特的旅游体验。同时，海岛的文化特色如民俗风情、特色美食、传统手工艺和历史文化等，也为游客带来了丰富的文化享受。这些资源和特色共同构成了海岛旅游的独特魅力，使得海岛成了全球旅游市场中的重要目的地。在开发和管理海岛旅游过程中，应充分挖掘和利用这些资源和特色，为游客提供更加优质、多样化的旅游产品和服务，推动海岛旅游的可持续发展。

（三）海岛旅游的市场现状

随着全球旅游业的蓬勃发展，海岛旅游市场逐渐崭露头角，成为全球旅游业的重要组成部分。海岛以其独特的自然环境、丰富的文化资源和多样的旅游活动吸引着越来越多的游客。本节将重点分析海岛旅游市场的现状，包括市场规模、消费者特征、产品类型、竞争格局等方面，并涵盖国内外海岛旅游市场的概况。

1. 市场规模与增长

近年来，海岛旅游市场规模持续扩大，成为全球旅游业增长最快的细分市场之一。根据统计数据，海岛旅游市场的收入和游客数量均呈现出稳步增长的态势，这一增长趋势得益于全球经济的复苏、人们收入水平的提高以及旅游消费观念的转变。越来越多的游客选择到海岛度假，享受阳光、沙滩和海水带来的愉悦和放松。

2. 消费者特征

海岛旅游的消费者群体具有一些明显的特征。首先，他们通常追求高品质的休闲度假体验，注重旅游的品质和服务水平。他们更倾向于选择环境优美、设施完善、服务优质的海岛作为旅游目的地。其次，他们喜欢尝试新的旅游产品和体验，如潜水、冲浪、帆船等水上活动，这些活动不仅具有刺激性和挑战性，还能让他们更深入地了解海岛的自然环境和文化风情。此外，海岛旅游的消费者也越来越注重旅游的文化内涵和体验深度，他们希望能够在海岛上深入了解当地的历史文化和风土人情。

3. 产品类型与热门目的地

海岛旅游产品丰富多样，包括海滩度假、水上运动、海洋探险、海岛文化体验等多种类型。海滩度假是最受欢迎的产品之一，游客可以在海滩上享受阳光、沙滩和海水带来的放松和愉悦。水上运动则吸引了大量喜欢刺激和挑战的年轻游客，如潜水、冲浪、帆船等。海洋探险则是一种更加深入和刺激的旅游体验，游客可以通过探险活动了解海洋的生态和文化。海岛文化体验则是一种更加注重文化内涵和深度的旅游产品，游客可以深入了解当地的历史文化和风土人情。

在热门目的地方面，国内外海岛各有特色，吸引了不同需求的游客。国内海岛如三亚、舟山、厦门等以其优美的自然环境、丰富的旅游资源和便捷的交通条件成为游客的热门选择；而海外海岛如马尔代夫、巴厘岛、夏威夷等则以其独特的自然风光、奢华的度假设施和多元化的旅游活动吸引着全球游客。

4. 竞争格局

海岛旅游市场竞争激烈，各地纷纷推出各种优惠政策和活动吸引游客。为了提升竞争力，许多海岛开始注重品牌建设和营销推广，通过打造独特的品牌形象和提供优质的服务来吸引更多游客。同时，一些海岛还注重与其他旅游目的地的合作和联动，共同开发更加完善的旅游产品和服务体系。

5. 国内外市场概况

在国内市场方面，随着人们生活水平的提高和休闲度假需求的增加，海岛旅游市场呈现出蓬勃发展的态势。各级政府也加大了对海岛旅游的支持力度，推动海岛旅游产业的快速发展。同时，国内旅游企业也积极参与海岛旅游市场的开发和运营，为游客提供更多元化、更高品质的海岛旅游产品。

在国际市场方面，海岛旅游同样具有广阔的发展前景。随着全球经济的复苏和人们旅游消费观念的转变，越来越多的海外游客选择到海岛度假，一些知名海岛旅游目的地如马尔代夫、巴厘岛等已经成为全球游客的热门选择。同时，各国政府也纷纷加大对海岛旅游产业的支持力度，推动海岛旅游市场的国际化发展。

综上所述，海岛旅游市场呈现出蓬勃发展的态势，市场规模持续扩大，消费者特征明显，产品类型丰富多样，竞争激烈且具有广阔的发展前景。在国内外市场方面，海岛旅游同样具有巨大的潜力和机遇。未来，随着全球旅游业的不断发展和人们旅游消费观念的进一步转变，海岛旅游市场有望继续保持快速增长的态势，为全球旅游业的发展注入新的活力和动力。

三、海岛旅游发展的挑战

海岛旅游，作为一种独特的旅游形式，近年来受到了广泛的关注与追捧。然而，其快速发展的同时也面临着多方面的挑战，首当其冲的便是环境影响评估。海岛生态系统相对脆弱，旅游活动的大规模开展可能对其造成不可逆的损害。因此，如何在保障旅游业发展的同时，最小化对环境的负面影响，成为我们必须深思的问题。海岛基础设施建设的滞后也是海岛旅游的一大挑战。受限于地理条件和资金投入，许多海岛在交通、住宿、餐饮等基础设施方面存在明显短板，制约了旅游业的进一步发展。文化传承与保护同样不容忽视。海岛往往承载着丰富的历史文化和民俗风情，如何在旅游开发中保护这些文化遗产，避免文化同质化，是海岛旅游发展中的又一重要议题。市场营销策略的制定、游客管理与服务水平的提升、自然资源的合理保护、法规与政策的制定完善，以及可持续旅游路径的探索，都是在推动海岛旅游发展中必须面对和解决的现实问题。只有综合施策、科学规划，才能实现海岛旅游的健康发展，让这片美丽的海域绽放出更加迷人的光彩。

（一）自然环境与生态挑战

海岛，以其独特的地理位置、丰富的自然资源和美丽的生态环境吸引着世界各地的游客。然而，正是这些自然环境的优越性，也带来了海岛旅游发展中的一系列挑战。

1. 海岛生态环境脆弱性

海岛生态系统通常较为脆弱，生物多样性较高但相对封闭，一旦遭受破坏，恢复起来困难重重。海岛旅游业的快速发展往往伴随着对自然资源的过度开发和利用，如沙滩、海水、珊瑚礁等，这些资源是海岛旅游的核心吸引力，但同时也是生态系统中最为敏感和脆弱的环节。比如，过度开发的沙滩可能导致沙滩侵蚀、水质污染，进而影响海洋生物的生存。沙滩侵蚀不仅损害了海滨景观的完整性，还会降低海滩的质量，从而影响游客的游览体验。此外，侵蚀过程中携带的泥沙和污染物进入海洋，对海洋生态系统造成直接伤害。水质污染则是一个更为严重的问题，它可能源于各种因素，如未经处理的污水排放、油轮泄漏、游客活动产生的垃圾等，这些污染物不仅影响海洋生物的健康，还可能通过食物链对人类造成间接危害。珊瑚礁是海岛生态系统中另一项关键资源，它们为众多海洋生物提供了栖息地和繁殖场所。然而，旅游业的发展常常导致珊瑚礁遭受破坏，如锚泊船只、潜水活动、珊瑚采集等。

受损的珊瑚礁不仅丧失了其生态功能，还会降低海洋生态系统的稳定性和抵抗力。

海岛旅游业的快速发展对自然环境和生态系统造成了不小的压力。为了保障旅游业的可持续发展，必须采取切实有效的措施来保护和恢复海岛生态系统，包括加强环境监管、推广生态旅游、增强游客环保意识等。只有这样，我们才能在享受海岛旅游带来的乐趣的同时，保护这些珍贵的自然资源和生态系统。

2. 海岛气候变化的影响

全球气候变化对海岛旅游的影响日益显现，海平面上升、极端天气事件频发等现象对海岛的自然环境构成了严重威胁。海平面上升可能导致海岸线后退、沙滩消失，而极端天气如台风、暴雨等则可能给海岛旅游带来严重的经济损失和安全隐患。此外，气候变化还可能影响海岛的气候适宜性和生物多样性，从而影响游客的旅游体验。

海平面上升是一个长期且不可逆的过程，对于许多低洼海岛来说，这意味着他们面临着被淹没的风险。沙滩作为海岛旅游的重要资源，其消失不仅影响了景观的美观，还可能导致海水侵蚀海岸，进而威胁到沿海居民和旅游设施的安全。极端天气事件，如台风和暴雨，常常伴随着强烈的风力和大量降水，给海岛旅游带来直接的经济损失。旅游设施、道路、桥梁等基础设施可能遭受严重破坏，导致旅游活动暂停或取消。同时，游客的生命安全也可能受到威胁，进一步影响了海岛旅游的声誉和吸引力。除了对自然环境的直接影响外，气候变化还可能影响海岛的气候适宜性和生物多样性。随着温度的上升和降水模式的改变，一些海岛可能会失去其独特的旅游气候，如宜人的温度、湿润的空气等。同时，生物多样性的减少也可能导致海岛失去其独特的生态景观和生物多样性资源，进一步影响游客的旅游体验。

因此，海岛旅游需要积极应对气候变化带来的挑战。一方面，加强基础设施的建设和维护，提高抵御极端天气事件的能力；另一方面，推广低碳旅游和可持续发展理念，减少旅游业对环境的影响。同时，加强国际合作和交流，共同应对全球气候变化带来的挑战。

3. 海岛生态保护与旅游开发的平衡难题

随着全球旅游业的迅猛发展，海岛旅游以其独特的魅力吸引了越来越多的游客。然而，在这片美丽的海域背后，却隐藏着生态保护与旅游开发之间的平衡难题。如何在追求经济利益的同时，确保生态系统的健康与稳定，成了海岛旅游可持续发展的关键。与大陆相比，海岛的自然环境更加封闭，生物种类相对较少，生态环境更为脆弱。旅游活动的增加以及游客的大量涌入，无论是建设酒店、修建码头，还是游客的活动本身，都可能对海岛生态造成不可逆的影响。例如，沙滩上的塑料垃圾、过度捕捞导致的海洋生物资源枯竭，以及游客活动对珊瑚礁的破坏等，都是海岛旅游开发中常见的生态问题。

如何平衡生态环境保护与旅游开发成了一个巨大的挑战。首先，需要转变发展观念，从单一的经济增长导向转向生态优先、可持续发展的思路。这意味着在旅游开发的过程中，必须严格遵循生态保护的原则，确保旅游活动不会对生态环境造成不可逆转的损害。需要加大监管和执法力度，政府应建立健全旅游开发监管机制，对旅游项目进行严格的评估和审批，确保其符合生态保护的要求。同时，对于违法违规的旅游开发行为，应加大处罚力度，形成有效的震慑。需要推动生态旅游的发展，生态旅游强调在旅游活动中尊重自然、保护生态环境，是一种可持续的旅游方式。通过推广生态旅游，可以引导游客更加理性、负责任地参与旅游活动，减少对生态环境的负面影响。需要加强公众教育和意识提升，让更多的人了解海岛生态系统的脆弱性和生态环境保护的重要性，形成全社会共同参与生态保护的良好氛围。

海岛旅游发展中的生态保护与旅游开发平衡难题是一个复杂而紧迫的问题。需要从多个层面入手，转变发展观念、加强监管和执法、推广生态旅游、加强公众教育，共同推动海岛旅游业的可持续发展。只有这样，才能在保护美丽海岛生态环境的同时，实现旅游业的繁荣与发展。这是一个长期而艰巨的任务，但只要持之以恒、共同努力，相信一定能够找到生态保护与旅游开发之间的平衡点，让海岛旅游焕发出更加迷人的光彩。

（二）海岛的交通和配套设施

1. 海岛的交通系统

交通系统是海岛旅游基础设施的关键。海岛通常依赖船只、飞机等外部交通方式，内部交通则多依赖于有限的道路和交通工具。这种交通状况在旅游高峰期往往导致严重的拥堵和瓶颈，影响了游客的出行体验，造成这种状况的原因有以下几点：

（1）海岛道路容量有限。海岛的地理面积相对较小，道路网络相对有限。当大量游客涌入时，这些有限的道路资源很快就会达到饱和，导致严重的交通拥堵。

（2）私家车激增。随着旅游业的繁荣，许多游客选择自驾前往海岛，大量的私家车涌入海岛，使得本就不宽敞的道路变得更加拥挤。

（3）缺乏公共交通。许多海岛在公共交通建设上还存在明显的短板，公共交通的班次少、覆盖面窄，无法满足大量游客的出行需求，导致许多游客选择私家车出行。

（4）停车难问题。海岛上的停车位有限，而游客数量众多，这使得停车难问题愈发严重，许多游客不得不将车停在路边，进一步加剧了交通拥堵。

交通拥堵不仅给游客带来不便，还给海岛的环境保护带来了巨大的压力。大量的尾气排放严重影响了海岛的空气质量，对海岛的生态环境构成了威胁。

2. 海岛旅游景点要有需求预测和应对设施

海岛旅游因其独特的自然风光和宁静的环境受到越来越多游客的青睐。然而，随着游客数量的增加，海岛旅游景点也暴露出了一系列问题，尤其是需求预测失误和应对设施不足。

（1）游客流量预测

海岛旅游往往受到多种因素影响，如天气、节假日、特殊事件等，这些因素可能导致游客流量的大幅波动。然而，目前许多海岛在游客流量预测方面还存在明显失误，导致旅游高峰期时游客过多，而淡季时游客稀少。这不仅影响了游客的旅游体验，也给当地旅游管理和服务带来了挑战。

（2）旅游季节性需求波动

海岛旅游具有明显的季节性特点，春秋季节和节假日往往是游客数量最多的时期。然而，由于缺乏有效的需求预测和应对设施，许多海岛在旅游高峰期时难以满足游客的需求，导致游客满意度下降。而在淡季时，则可能因为游客数量过少而导致资源浪费。

（3）应急预案

在海岛旅游中，突发事件如自然灾害、游客意外事件等时有发生。然而，许多海岛由于缺乏应急预案和相应的应对设施，导致在突发事件发生时无法及时有效地应对，给游客和当地旅游管理部门带来不必要的麻烦和损失。

（4）住宿设施

随着海岛旅游的发展，游客对住宿条件的要求也越来越高。然而，许多海岛在住宿设施方面还存在明显不足，如酒店数量少、房间数量有限、住宿条件差等。这不仅限制了游客的住宿选择，也影响了游客的旅游体验。

（5）餐饮服务

餐饮服务是海岛旅游的重要组成部分，但许多海岛在餐饮服务方面还存在不配套的问题，如餐厅数量少、菜品种类单一、服务质量差等。这不仅无法满足游客的多样化需求，也影响了游客的饮食体验。

（6）娱乐设施

海岛旅游除了自然风光外，还应提供丰富的娱乐设施以满足游客的多元化需求。然而，许多海岛在娱乐设施方面还存在短缺的问题，如水上运动设施不足、文化娱乐场所缺乏等。这限制了游客的活动选择，降低了海岛旅游吸引力。

（7）旅游信息服务

在现代旅游中，旅游信息服务的重要性日益凸显。然而，许多海岛在旅游信息服务方面还存在不全的问题，如旅游指南不完善、在线预订平台不成熟、旅游咨询服务不到位等。这导致游客在旅游过程中难以获取准确的信息和便捷的服务。

（三）海岛环保与可持续发展问题

海岛是地球生态系统中的一个特殊单元，它既是地理的孤岛，也可能是生态的孤岛。由于其独特的地理位置和生态环境，海岛往往面临着更为严峻的环境保护挑战。然而，当前海岛环保与可持续发展的考虑却常常不足，这主要体现在以下几个方面：

1. 生态环境破坏

海岛生态环境相对脆弱，一旦遭受破坏，恢复起来往往更为困难。然而，由于人类活动的影响，海岛生态环境破坏现象屡见不鲜。例如，过度捕捞、非法采砂、乱砍滥伐等行为导致海岛植被减少、海岸线侵蚀、沙滩退化等问题日益严重。

2. 资源过度开发

海岛资源有限，但往往因为缺乏合理的规划和监管，导致资源被过度开发。例如，一些海岛为了追求短期经济利益，过度开采渔业资源、矿产资源等，这不仅破坏了生态环境，也损害了海岛的可持续发展能力。

3. 污染排放失控

海岛往往缺乏完善的污水处理设施，导致污染排放失控。工业废水、生活污水、船舶废油等污染物的排放对海岛水质、土壤、大气等造成了严重影响。这些污染不仅损害了海岛居民的身体健康，也破坏了海岛的生态平衡。

4. 物种多样性减少

海岛是许多特有物种的栖息地，但由于人类活动的影响，海岛物种多样性正在减少。过度捕捞、非法狩猎、生态破坏等行为导致许多物种濒临灭绝。这不仅是对生物多样性的破坏，也是对地球生态系统的破坏。

5. 自然灾害频发

海岛由于地理位置和生态环境的特殊性，更容易受到自然灾害的影响。例如，台风、海啸、地震等自然灾害对海岛的生态环境和社会经济造成了严重损失。然而，由于缺乏长期规划和应对措施，许多海岛在面对自然灾害时显得力不从心。

6. 社区发展失衡

海岛社区往往存在着发展失衡的问题。一方面，海岛居民往往依赖于自然资源进行生产生活，缺乏多元化的经济来源；另一方面，海岛基础设施建设滞后，教育、医疗等社会服务水平较低。这些问题不仅影响了海岛居民的生活质量，也制约了海岛的可持续发展。

7. 缺乏长期规划

海岛环保与可持续发展的关键在于制定和实施长期规划。然而，当前许多海岛缺乏明确的长期规划，导致环境保护和可持续发展工作缺乏系统性和连续性。这不仅影响了环境保护的效果，也制约了海岛的可持续发展能力。

（四）安全保障与应急管理

海岛旅游因其独特的自然风光和丰富的旅游资源，吸引了越来越多的游客。然而，海岛旅游也面临着诸多安全隐患，如自然灾害、事故风险、食品安全等问题。因此，构建完善的安全保障与应急管理体系，对于确保海岛旅游安全、提升游客满意度、促进海岛旅游业的可持续发展具有重要意义。

1. 旅游设施安全

海岛旅游应确保各类旅游设施的安全性，包括住宿、餐饮、交通等。对于住宿设施，应定期进行安全检查，确保建筑结构的稳定性和消防设施的完善；对于交通设施，应加强维护，确保车辆、船只等交通工具的安全性能；对于餐饮设施，应严格执行食品安全标准，确保游客的饮食安全。

2. 旅游活动安全

海岛旅游应提供安全的旅游活动项目，对于高风险项目，如水上运动、攀岩等，应制定详细的安全规范，确保游客在参与活动时的安全。同时，应加强对导游和工作人员的安全培训，增强他们的安全意识和提高应急处理能力。

3. 应急管理策略

（1）应急预案制定

海岛旅游应制定完善的应急预案，明确应对各种突发事件的流程和措施。预案应涵盖自然灾害、事故风险、游客伤亡等多个方面，确保在突发事件发生时能够迅速、有效地应对。

（2）应急演练与培训

为提高应急响应能力，海岛旅游应定期组织应急演练和培训。通过模拟突发事件场景，让相关人员熟悉应急预案的内容和操作流程，提高他们在实际应对中的协调配合能力和处理突发事件的能力。

四、海岛旅游未来的发展趋势

海岛旅游，作为旅游行业的璀璨明珠，承载着人们对于海洋、沙滩、阳光、探险的美好向往。然而，随着全球旅游业的快速发展，海岛旅游也面临着前所未有的挑战和机遇。未来的海岛旅游将如何发展？这是摆在我们面前的一个重要课题。

在科技飞速发展的当下，海岛旅游应该不再局限于传统的观光、度假模式，而是向更加智能化、个性化、多元化的方向发展。通过大数据、云计算、人工智能等技术的运用，我们可以更加精准地把握游客的需求，为他们提供更加贴心、个性化的服务。同时，虚拟现实、增强现实等技术的应用，也将让游客在游览海岛时获得更加沉浸式的体验，仿佛置身于一个全新的世界。

除了科技创新的推动，海岛旅游还需要注重可持续发展。在追求经济效益的同时，我们不能忽视对环境的保护。通过推广低碳旅游、绿色出行、循环经济等理念，我们可以减少旅游活动对环境的影响，让海岛旅游更加健康、可持续。同时，与当地社区的紧密合作也是实现可持续发展的关键。只有让当地居民参与到旅游发展中来，才能确保旅游业的长期稳定发展，实现经济效益和社会效益的双赢。

此外，文化融合也是海岛旅游未来发展的重要趋势。随着全球化的推进和人们文化意识的提高，游客对于异域文化的兴趣也在不断增加。海岛旅游可以结合当地的文化特色，推出具有文化内涵的旅游产品和服务，让游客在欣赏美景的同时，也能感受到当地文化的魅力。这种文化融合不仅可以提升游客的旅游体验，也有助于传播和弘扬当地的优良传统文化。

（一）绿色环保旅游

随着人类社会的发展和科技进步，旅游业已成为全球经济的重要组成部分。海岛，因其独特的自然风光、丰富的海洋资源和深厚的文化底蕴，吸引了大量游客前来观光、休闲和度假。然而，伴随着旅游业的繁荣，海岛环境也面临着前所未有的挑战。全球气候变化、环境污染、生态破坏等问题日益凸显，给海岛旅游业的可持续发展带来了严重威胁。

因此，推广绿色环保旅游成为海岛旅游业未来发展的重要趋势。它旨在通过科学合理的旅游规划和管理，减少对自然资源的破坏和污染，实现经济、社会和环境的协调发展。这不仅对保护海岛生态环境具有重要意义，还能为海岛旅游业的长期发展提供坚实基础。

1. 低碳交通与节能减排

海岛旅游业的发展离不开交通运输的支持。然而，传统的交通方式往往伴随着高碳排放和能源消耗。因此，推广低碳交通工具、减少碳排放成为绿色环保旅游的重要一环。例如，鼓励游客使用电动车、自行车等低碳出行方式；优化公共交通系统，提高运输效率；在旅游景区内限制私家车进入，推广步行、骑行等绿色出行方式。

此外，海岛旅游业还应关注节能减排。通过采用先进的节能技术和设备，降低旅游设施的能源消耗。例如，使用节能灯具、推广太阳能热水器等。同时，加强能源管理，提高能源利用效率，减少浪费。

2. 倡导绿色消费与减少浪费

游客的消费行为对海岛环境的影响不容忽视。因此，倡导绿色消费、减少浪费成为绿色环保旅游的重要内容。通过宣传和教育，引导游客在旅游过程中注重环保、节约资源。例如，鼓励游客自带餐具、减少一次性用品的使用；提倡节约用水、用电等。

同时，海岛旅游业还应关注餐饮、住宿等环节的浪费问题。通过合理规划和管理，减少食物、水等资源的浪费。例如，呼吁游客吃自助餐时避免过度点餐；优化客房服务、减少床上用品的更换频率等。

3. 加强游客的环保教育与意识提升

游客是海岛旅游业的重要参与者。他们的环保意识和行为对海岛环境的保护至关重要。因此，加强游客的环保教育、提高环保意识成为绿色环保旅游的重要任务。通过举办环保讲座、展览等活动，向游客普及环保知识；在旅游景区设置环保提示标识、引导游客参与环保活动等。

（二）高端定制服务

随着旅游市场的不断发展和消费者需求的日益多元化，高端定制服务逐渐成为海岛旅游的新风尚。高端定制服务强调的是个性化、专属化和精细化，它能够满足游客对于高品质、高档次旅游体验的追求。

在高端定制服务中，旅游企业根据游客的需求和喜好，量身定制旅游行程，包括旅游目的地的选择、酒店住宿的标准、餐饮口味的偏好、活动安排的类型等各个方面。游客可以根据自己的需求和预算，灵活安排行程，享受专属的旅游体验。对于海岛旅游而言，高端定制服务更是具有独特的魅力和优势。海岛以其独特的自然风光、宁静的海滩、丰富的水上活动和深厚的文化底蕴吸引着众多游客。通过高端定制服务，游客可以更加深入地感受海岛的魅力，享受个性化的旅游体验。

在高端定制服务中，旅游企业会提供一对一的专属服务，为游客量身打造旅游行程。游客可以根据自己的喜好和兴趣，选择适合自己的海岛目的地，体验独特的海岛文化，参与丰富多样的水上活动，享受奢华舒适的住宿和餐饮服务。这些个性化的服务，让游客在旅游过程中更加自由自在、舒适愉悦。

此外，高端定制服务还注重细节和品质。旅游企业会为游客提供高品质的旅游产品和服务，确保游客在旅游过程中享受到最好的体验和服务。从行程安排到酒店住宿，从餐饮服务到交通出行，每一个细节都会经过精心策划和安排，确保游客能够享受到高品质的旅游体验。

（三）智慧旅游建设

在信息化、数字化、智能化的时代背景下，智慧旅游建设已经成为海岛旅游发展的新航标。智慧旅游通过集成应用新一代信息技术，如物联网、大数据、云计算、人工智能等，旨在提升海岛旅游的服务质量、管理效率和游客体验。

对于海岛旅游而言，智慧旅游建设的核心在于如何利用信息技术为游客提供更加便捷、安全、个性化的旅游服务。例如，通过搭建智慧旅游服务平台，游客可以轻松地查询海岛旅游信息、预订酒店和机票、规划旅游行程等；同时，借助物联网技术，海岛上的旅游设施如酒店、景点、交通工具等，可以实现智能化管理，为游客提供更加舒适、安全的旅游环境；在智慧旅游建设中，数据的应用也至关重要。通过对旅游大数据的收集、分析和挖掘，旅游企业可以更加准确地了解游客的需求和喜好，为游客提供更加精准的个性化服务；政府管理部门也可以利用大数据对海岛旅游市场进行监管和调控，确保旅游市场的健康有序发展；此外，智慧旅游建设还强调与游客的互动和参与。通过社交媒体、在线评价等渠道，游客可以实时分享自己的旅游体验和建议，为海岛旅游的改进和提升提供参考。这种互动和参与不仅增强了游客的归属感和满意度，也为海岛旅游的发展注入了新的活力。

智慧旅游建设为海岛旅游的发展提供了强有力的支撑和保障。它不仅提升了海岛旅游的服务质量和效率，也为游客带来了更加便捷、安全、个性化的旅游体验。随着信息技术的不断发展和应用，智慧旅游将成为海岛旅游业的重要发展方向之一。

（四）文化体验旅游

海岛旅游不仅仅是欣赏碧海蓝天和沙滩阳光，更是一种文化的探索与体验。在全球化日益加剧的当下，保持独特文化传统的海岛成为游客寻求异地文化体验的理想目的地。

1. 历史遗迹的探访

许多海岛都拥有悠久的历史背景，遗留下众多历史遗迹。游客可以参观古老的城堡、寺庙、博物馆等，了解海岛的历史演变和文化传承。这些历史遗迹不仅见证了海岛的过去，也为游客提供了与古人对话的机会，感受时间的流转和文化的积淀。

2. 美食文化的品位

海岛的美食文化也是吸引游客的重要因素。从新鲜的海鲜到当地的特色菜肴，再到传统的风味小吃，海岛的美食丰富多样。游客可以品尝当地的特色美食，感受不同文化背景下的味蕾盛宴，这也是文化体验旅游中不可或缺的一部分。

3. 当地文化的沉浸式体验

海岛往往承载着丰富的当地文化，从原住民的传统习俗到独特的节庆活动，再到古老的手工艺和传统建筑，这些都是吸引游客深入体验的重要内容。通过参与当地的文化节庆、手工艺制作、民俗表演等活动，游客可以深入了解当地文化的精髓，与当地居民互动，感受不一样的海岛风情。

（五）多元化旅游产品

在当今旅游市场竞争激烈的背景下，旅游产品的多元化已成为吸引游客的关键。对于海岛旅游而言，多元化旅游产品不仅能够满足不同游客的多样化需求，还能为海岛旅游带来更加丰富的体验和更高的附加值。本节将从多元化旅游产品的定义、重要性、开发策略等方面进行详细探讨。

1. 多元化旅游产品的定义与重要性

多元化旅游产品指的是在旅游产品中融入多种元素和服务，以提供更加丰富、多样化的旅游体验。在海岛旅游中，多元化旅游产品可以包括文化体验、水上活动、探险体验、生态体验、美食之旅等多种类型，这些产品能够满足不同游客的兴趣爱好和需求，提高游客的满意度和忠诚度。多元化旅游产品的重要性在于：

（1）满足游客多样化需求。随着人们生活水平的提高和旅游经验的积累，游客对于旅游产品的需求日益多样化。通过提供多元化旅游产品，可以满足不同游客的个性化需求，提高游客的满意度。

（2）增强旅游竞争力。在激烈的市场竞争中，拥有独特且多元化的旅游产品是吸引游客的重要手段。通过不断创新和优化旅游产品，可以提高海岛旅游的竞争力，吸引更多游客前来体验。

（3）促进旅游产业升级。多元化旅游产品的发展需要旅游产业的支持和配合。通过加强旅游产业链上下游的合作，可以促进旅游产业的升级和发展，提高整个产业的附加值。

2. 多元化旅游产品的开发策略

（1）深入挖掘当地文化资源：海岛往往拥有独特的文化资源和历史背景，这是开发多元化旅游产品的重要基础。通过深入挖掘当地文化资源，可以推出具有地域特色的文化体验产品，如民俗表演、手工艺制作、历史遗迹探访等。

（2）结合自然环境优势开发水上活动：海岛的自然环境优势为开发水上

活动提供了良好的条件。可以推出丰富多样的水上活动产品，如潜水、浮潜、帆船、游艇等，满足游客对于水上运动的需求。

（3）开发探险和户外活动产品：海岛的地貌特点和自然资源为开发探险和户外活动产品提供了良好的条件。可以推出徒步旅行、露营、攀岩、滑翔伞等探险和户外活动产品，满足游客对于刺激性和挑战性的需求。

（4）结合美食文化推出特色美食之旅：海岛的美食文化也是吸引游客的重要因素之一。可以推出结合当地特色食材和烹饪技艺的美食之旅产品，让游客在品尝美食的同时了解当地的文化和生活方式。

（5）创新旅游产品形态和服务模式：在开发多元化旅游产品时，需要注重创新和产品差异化。可以通过引入新技术、新理念等方式创新旅游产品形态和服务模式，提高产品的吸引力和竞争力。

海岛需要进一步加强旅游产业链上下游的合作，深入挖掘当地文化资源和自然环境优势，不断创新和优化旅游产品。同时，还需要注重提高旅游服务质量和游客体验，推动海岛旅游产业的可持续发展。

总之，多元化旅游产品是海岛旅游发展的新魅力所在。通过深入挖掘当地文化资源、结合自然环境优势开发水上活动、推出探险和户外活动产品、结合美食文化推出特色美食之旅以及创新旅游产品形态和服务模式等策略，可以打造更加丰富、多样化的旅游产品，满足游客的多样化需求，提高海岛旅游的竞争力和吸引力。未来，随着旅游市场的不断发展和游客需求的不断变化，多元化旅游产品将成为海岛旅游发展的重要方向之一。

（六）区域合作发展

海岛旅游的区域合作发展是推动海岛旅游经济增长的新动能，通过不同地区之间的资源共享、优势互补和协同推广，可以有效提升海岛旅游的整体竞争力和吸引力。在区域合作机制的建立方面，通过建立区域旅游发展委员会或联盟，促进不同地区之间的政策沟通和协调，共同制定区域旅游发展战略和规划。资源共享与互惠互利是区域合作的核心，不同地区可以通过联合开发旅游产品、共同举办旅游活动、互推旅游线路等方式，实现互利共赢。

基础设施的互联互通是提升区域旅游体验的关键，加强区域内的交通、信息、服务等基础设施建设，提高区域内的互联互通水平，为游客提供更加便捷的旅游体验。联合营销与品牌打造，通过共同打造区域旅游品牌，提升区域旅游的整体形象和知名度，通过参加国际旅游展会、举办旅游推介会等方式，共同推广区域旅游。

鼓励区域内各地区根据各自的资源特色和文化特点，开发具有差异化和互补性的旅游产品，满足游客多样化的需求。环境保护与可持续发展在区域合作中至关重要，注重环境保护和生态平衡，通过制定区域环境保护公约、实施生态旅游项目等方式，保护海岛生态环境，推动海岛旅游的可持续发展。

建立区域内应对旅游突发事件的协同机制，如自然灾害、公共卫生事件等，确保区域内旅游活动的平稳有序。加强区域内的人才培养和技术交流，提升区域内旅游服务的整体水平，通过举办培训班、交流会等方式，提高旅游从业人员的专业技能和服务水平。

总之，面对未来，海岛旅游应以绿色环保、高端定制服务、智慧旅游建设、文化体验旅游、多元化旅游产品和区域合作发展为主要方向，不断推动海岛旅游业的可持续发展。同时，还需要注重提升旅游服务的质量和效率，满足游客对高品质旅游体验的需求。只有这样，海岛旅游才能在激烈的旅游市场竞争中脱颖而出，成为全球旅游业的重要力量。

第三节　共同富裕理念对海岛旅游发展的意义

我国拥有丰富的海岛资源，优美的海滩景观，吸引着越来越多的游客前来体验。海岛旅游的发展不仅促进了当地经济的增长，也提升了当地居民的生活水平，符合共同富裕的核心理念。同时，海岛旅游的可持续发展也成了重要课题，需要平衡经济效益、社会效益和环境效益，实现三者的统一。共同富裕理念与海岛旅游发展的结合，将为推动旅游业的可持续发展，实现共同富裕目标，以及促进地方经济繁荣和人民生活改善发挥重要作用。

海岛旅游是海岛经济的重要组成部分，是利用海岛资源开展的旅游活动，推动当地经济增长，促进人民收入提高。海岛旅游不仅能为当地居民创造就业机会，也能提供新的就业岗位，在提高居民收入的同时，还能促进地方经济的发展，满足人们对美好生活的需求。海岛旅游的发展也是实现共同富裕目标的重要手段。海岛旅游能够提升当地居民的生活水平和幸福感，是实现共同富裕的重要途径之一，作为一种休闲、度假、观光、体验式经济活动，可以带动当地经济发展，满足人民群众对美好生活的需求。

一、海岛旅游发展的意义

（一）满足人民美好生活需要

当前，我国社会主要矛盾已经转化为人民日益增长的美好生活需要和不平衡不充分的发展之间的矛盾，人民群众对美好生活的需要日益增长，对获得感、幸福感、安全感的需求也在不断增长。随着人们收入水平不断提高，旅游消费成为居民消费升级的重要内容。《中共中央关于制定国民经济和社会发展第十四个五年规划和二〇三五年远景目标的建议》提出，“到 2035 年，我国将建成文化强国、教育强国、人才强国、体育强国、健康中国，国民素质和社会文明程度达到新高度，国家文化软实力显著增强”。在此背景下，海岛旅游作为我国旅游业的重要组成部分，应坚持以人民为中心的发展思想，加快推动海岛旅游高质量发展，充分发挥旅游产业对经济社会发展的带动作用。随着居民收入水平和旅游消费能力的提高，人们越来越重视休闲度假体验和海岛特色文化传承，因此，应进一步完善海岛基础设施建设和服务质量、提升海岛旅游品质、丰富海岛旅游产品供给，不断满足人民群众对海岛旅游的新需求。

（二）推动乡村振兴

乡村振兴是实现共同富裕的重要基础。近年来，乡村振兴战略的提出，为乡村旅游发展提供了新契机。乡村旅游可以将具有特色的海岛资源、环境、文化等优势转化为经济优势，增加居民收入，带动乡村产业结构调整，促进产业兴旺。

1. 旅游业能够带动乡村产业发展

乡村旅游是旅游业的重要组成部分，其发展可为农村地区创造更多就业机会，提供更多致富机遇。近年来，越来越多的年轻人选择回乡创业，他们通过学习旅游管理、经营特色民宿、发展特色餐饮等方式将传统行业与旅游业融合发展，从而促进了当地经济增长和居民就业。未来，随着海岛旅游的不断发展，将有更多的人从事海岛旅游相关行业，如餐饮、民宿、农家乐等。

2. 旅游业能够为乡村振兴注入新活力

旅游业作为综合性产业，其产业链长、带动效应强、吸纳就业多，可以有效促进乡村经济结构调整和产业转型升级。近年来，随着乡村振兴战略的深入实施以及乡村旅游的快速发展，海岛地区已成为“网红”旅游目的地，吸引着大量游客前往游玩。

（三）推动共同富裕

“共同富裕”的本质是社会共享，即通过社会合作和公平的收入分配来促进全体人民的共同富裕。在海岛旅游发展中，海岛居民不仅可以通过旅游业获得旅游收益，还可以通过提供旅游服务获得劳动报酬，进一步提升生活水平。旅游业对海岛居民收入增长和消费能力的提升作用明显。从收入角度看，海岛居民在旅游业发展中获得了更多的旅游服务收入，增加了财产性收入；从消费角度看，游客的旅游消费支出中很大一部分用于餐饮、住宿、购物等方面，也促进了当地相关产业发展。

（四）提升社会治理水平

海岛旅游能够促进社会治理现代化，提升社会治理水平。旅游活动往往涉及人数众多，流动性大，各类纠纷案件较多，这就要求政府相关部门需要将公共服务向偏远海岛延伸，通过加大公共服务投入和人员配置、提高旅游服务质量等措施提升海岛地区的社会治理能力。同时，政府还应在海岛地区大力推进法治建设，通过完善相关法律法规、加强普法宣传等措施提升海岛居民的法律意识和法治观念，强化全社会法治观念和依法办事的习惯养成。

此外，海岛地区还应打造一支高素质的旅游人才队伍，推动旅游人才队伍建设是促进共同富裕的重要手段。海岛地区旅游人才队伍建设应将教育培训作为重要抓手和突破口，通过实施旅游人才专项培训计划、组织开展跨区域、跨行业的专业技能培训等措施提升旅游人才素质和专业技能水平。同时，政府还应发挥主导作用，引导和支持企业、高校、科研机构等与海岛地区建立合作关系，帮助海岛地区培养一批高素质的旅游管理人才和专业技术人才。

二、海岛旅游助力实现共同富裕

（一）发展海岛旅游助力乡村振兴

发展乡村旅游是助力乡村振兴的有效手段，是推动共同富裕的重要抓手。乡村旅游可以促进农村地区的产业兴旺，为当地居民提供更多的就业机会，拓宽增收渠道。发展乡村旅游能够带动海岛地区乡村的产业发展，例如，可以开发以本地特色农产品为基础的休闲食品、旅游纪念品、手工艺品等。通过对乡村特色资源进行包装和开发，可以带动当地村民致富，实现乡村振兴。此外，发展海岛旅游还能够促进美丽乡村建设。美丽乡村建设可以从基础设施建设、环境整治、文化保护等方面入手，为村民营造良好的生产生活环境。发展海岛旅游可以推动海岛地区实现农村生态宜居，打造具有地方特色和历史文化内涵的旅游景区，形成“一村一景”“一村一韵”。通过打造特色鲜明的旅游景区和精品旅游线路，能够有效改善海岛地区的人居环境，吸引更多游客前来观光休闲、度假娱乐等。此外，发展海岛旅游还能够促进农村地区基础设施建设和公共服务完善，从而有效推动社会主义新农村建设。

（二）发展海岛旅游促进居民就业增收

发展海岛旅游能够拓宽就业渠道，促进居民就业增收。在海岛旅游发展过程中，旅游相关行业中的餐饮、住宿、交通运输、商业服务等行业吸纳了大量的劳动力，其中的不少劳动者都是因旅游业发展而实现就业增收。旅游产业具有带动性强、就业容量大等特点，可以为当地居民创造更多的就业岗位。因此，政府应加大对海岛旅游业发展的扶持力度，帮助旅游业相关行业创造更多就业岗位。同时，政府还应充分发挥政策引导作用，通过对旅游业发展所需基础设施和公共服务设施进行财政支持等方式来引导海岛旅游相关行业实现规模化、集约化经营。此外，政府还应通过建立健全旅游行业的人才培养机制、优化旅游行业的劳动保障机制等方式来提高海岛旅游相关行业对劳动力的吸引力。

（三）发展海岛旅游促进资源保护和生态环境改善

海岛旅游发展能够促进资源保护和生态环境改善，因为海岛旅游活动的开展能够有效地改善海岛地区的生态环境质量，提高居民资源保护和生态环境保护意识，减少或者消除因旅游开发带来的生态破坏。一方面，海岛旅游能够为居民提供一种新的生活方式，在提高居民生活质量的同时也能够有效地减少居民对传统生活方式的依赖。例如，海岛地区可以开展海洋运动、探险观光等旅游活动，而这种新的生活方式也能够有效地减少居民对传统渔业生活等方式的依赖，缓解渔业资源枯竭问题。另一方面，海岛旅游能够改善海岛地区的生态环境质量。当游客来到海岛地区进行旅游活动时，他们也会带来大量垃圾，如果这些垃圾没有得到及时处理就会对生态环境产生负面影响。反之，游客在海岛地区进行垃圾分类时可能会将不可回收的废弃物带出海岛地区，避免海岛生态环境污染；也可能将一些可回收的废弃物带出海岛地区，提高资源利用率，维护海岛环境。

（四）发展海岛旅游促进残疾人就业增收

海岛旅游应关注残疾人就业增收问题。在旅游产业发展初期，旅游业发展速度较快，需要大量劳动力参与其中，因此可以将部分残疾人安置到旅游行业中参加工作。例如，在云南迪庆藏族自治州，当地政府将有劳动能力的残疾人安置到民族工艺厂参与手工编织制作和民族服饰制作等工作；在贵州赤水和四川泸定等地，当地政府将有劳动能力的残疾人安置到生态旅游区和民宿从事管理工作；在浙江海岛旅游新区，当地政府将有劳动能力的残疾人安置到农业种植和渔业捕捞等行业中。除此之外，还可以鼓励有劳动能力的残疾人通过参与海岛旅游业其他产业实现就业增收。

三、共同富裕理念对海岛旅游发展意义深刻

近年来，共同富裕理念作为中国特色社会主义的重要发展理念之一，逐渐引起了广泛的关注。在海岛旅游发展领域，共同富裕理念同样有着重要的意义。海岛旅游作为一种特殊的旅游形式，不仅可以促进当地经济的发展，还能推动文化交流、促进生态保护。共同富裕理念与海岛旅游发展的结合，不仅能够实现经济效益最大化，还能够保护环境、促进社会公平，为实现可持续发展目标提供重要参考。

首先，共同富裕理念强调人民群众共享发展成果，促进社会公平正义。在海岛旅游发展中，应该注重保护当地居民的合法权益，提高他们的生活水平，让更多的人分享到旅游业带来的经济红利。通过制定相关政策和措施，确保海岛旅游发展惠及广大民众，促进社会公平，实现共同富裕。

其次，共同富裕理念强调资源共享和环境保护。海岛地区的生态环境脆弱，资源有限，一旦过度开发，就会对当地的生态系统造成严重破坏。因此，在海岛旅游发展过程中，应该遵循可持续发展原则，充分考虑生态环境保护，保护海洋动植物、珊瑚礁、植被等自然资源，确保旅游业的可持续发展。共

同富裕理念强调资源共享，促进资源的合理利用和保护，为海岛旅游的可持续发展提供了重要指导。

再次，共同富裕理念强调文化传承与交流。海岛地区往往拥有独特的文化遗产和传统，这些文化资源是海岛旅游的重要吸引力。在海岛旅游发展中，应该重视当地文化的传承和保护，促进文化交流与融合，推动海岛旅游业的多元化发展。共同富裕理念鼓励不同文化之间的互学互鉴，促进文化多样性，丰富海岛旅游产品和体验，提升旅游业的核心竞争力。

总的来说，共同富裕理念与海岛旅游发展密切相关，共同富裕理念为海岛旅游的可持续发展提供了重要的指导。在推动海岛旅游发展的过程中，应该始终坚持共同富裕理念，实现经济、社会和环境的协调发展，为建设美丽中国、繁荣世界贡献力量。共同富裕理念不仅是一种发展理念，更是一种社会责任和使命，只有通过共同努力，才能实现海岛旅游的可持续发展，让更多人分享到旅游带来的益处，共同构建一个美好的未来。

第二章　舟山群岛生态旅游的发展概况

第一节　舟山群岛的旅游资源开发

舟山群岛新区是国家赋予浙江建设海洋经济发展示范区的核心平台，也是长三角一体化发展国家战略的重要支点。舟山市位于浙江省东北部，北临长江、东濒东海、南接浙东沿海，舟山群岛是我国第一大群岛，其海域面积为 2.08 万平方千米，陆域面积为 1440 平方千米，总区域面积约为 2.22 万平方千米。舟山群岛新区包括普陀区、岱山县、嵊泗县和定海区，共两区两县。其中，普陀区是舟山群岛新区的政治、经济和文化中心，是舟山群岛新区建设发展的主战场；岱山县地处嵊泗县东南部，下辖 6 镇 1 乡；桃花岛位于舟山群岛的东南部，是舟山市普陀区下辖的岛屿；金塘岛属于舟山市定海区管辖，位于舟山群岛新区的东南部，有“中国螺杆之乡”的美誉；普陀山位于舟山市普陀区，素有“海天佛国”之称。

一、舟山群岛生态旅游资源现状

舟山群岛是我国第一大群岛，包括普陀山岛、岱山岛、嵊泗列岛等，舟山群岛的总面积为 2.22 万平方千米，其中陆域面积为 1440 平方千米。舟山群岛拥有丰富的海洋生态资源，是一个集海、陆、空立体交通体系于一体的海岛城市，是长三角地区海上交通枢纽。舟山群岛拥有丰富的历史文化资源，拥有“海山奇观”“海上丝绸之路”等一系列历史文化遗产。舟山群岛拥有良好的基础设施建设，甬舟铁路、六横公路大桥、国际邮轮港、全国最大的集装箱码头——洋山港以及杭州湾大桥等基础设施为舟山群岛旅游发展提供了良好的基础。基于这些优势，舟山群岛开发生态旅游项目具有可行性。

（一）舟山群岛拥有丰富的海洋生态资源

舟山群岛拥有丰富的海洋生态资源，拥有良好的海域深海岸线，总长度约 279.4 千米，拥有两个国家级海洋特别保护区，两个国家级风景名胜区。舟山群岛海域的鱼类资源非常丰富。根据环境 DNA 分析鉴定，重点岛礁海域鱼类 83 属。在舟山渔场及其邻近海域通过拖网调查发现鱼类种类繁多，主要渔获物包括鲳鱼、青鱼、鲷鱼、黄鱼等。舟山近海常见鱼类中，鲈形目鱼类占绝对优势，科级水平上虾虎鱼类多样性最高。据统计，舟山渔场的渔业资源总量达到了 250 万吨，其中包括各种鱼类、虾类、蟹类等。在普陀区所处的舟山渔场内，鱼类种类达到 140 种，以大黄鱼、小黄鱼、带鱼、乌贼、鳓鱼、鲳鱼、马鲛鱼、鳗、比目鱼为主。舟山群岛的海洋生态资源较为丰富，对于开展海洋生态旅游项目具有可行性。

舟山群岛拥有丰富的海洋生态资源，可以通过开发生态旅游项目来实现生态保护和经济发展的平衡。舟山群岛开发生态旅游项目不仅可以有效保护环境，而且可以满足人们对海岛旅游的需求，综合考虑各方面因素，发展生态旅游项目是可行的。在实施生态旅游项目时，应注重环境保护和资源开发之间的平衡。

（二）舟山群岛拥有悠久的历史文化资源

舟山群岛是“海上丝绸之路”的重要节点，拥有丰富的历史文化资源。舟山群岛拥有的国家 5A 级旅游景区——普陀山，是中国古代海上丝绸之路始发港的重要组成部分，也是中国佛教四大名山之一，有着“海天佛国”之称，拥有闻名天下的法雨禅寺、普济禅寺和慧济禅寺，是著名的观音道场。普陀山不仅有着独特的自然风光，还有着丰富的人文资源。舟山群岛中重要的海岛岱山县，素有“蓬莱仙岛”之称，拥有深厚的历史文化底蕴和丰富的旅游资源。岱山自古就是舟山群岛中重要的贸易港口，在“海上丝绸之路”上发挥着重要作用。岱山县还拥有丰富的人文资源，如岱山县博物馆、中国灯塔博物馆和中国海洋渔业博物馆等，这些人文资源都为舟山群岛生态旅游提供了丰富的历史文化资源。

（三）舟山群岛拥有良好的基础设施建设

舟山群岛拥有良好的基础设施建设，以洋山港为例，洋山港是全球规模最大的自动化集装箱码头，拥有全国最大的集装箱码头，已经成为一个综合性的现代化港口。舟山群岛还拥有一流的港口服务设施，如国际邮轮母港、邮轮服务体系、船舶交易市场以及航运类培训基地。另外，舟山群岛还拥有强大的旅游资源，众多的海岛风景名胜区、自然景观和人文景观。其中，普陀山、嵊泗列岛风景名胜区是国家级重点风景名胜区；岱山岛是省级风景名胜区；嵊泗列岛是全国唯一的国家级列岛风景名胜区；嵊泗县东海五渔村景区和花鸟岛景区是国家 4A 级旅游景区；桃花岛旅游区是浙江省风景名胜区和国家 4A 级旅游景区。这些都为舟山群岛开发生态旅游项目奠定了良好的基础。

（四）舟山群岛具备开发生态旅游项目的条件

舟山群岛开发生态旅游项目的有利条件包括：舟山群岛拥有丰富的自然资源，可以满足生态旅游项目中“观海”和“戏水”等项目对海洋环境的要求。舟山群岛拥有丰富的海洋生物资源，如海带、石斑鱼、海蜇等，这些海洋生物资源丰富，具有很高的经济价值。舟山群岛拥有独特的人文景观和历史文化资源，如普陀山、朱家尖、嵊泗列岛等，这些人文景观和历史文化资源历史悠久，文化底蕴深厚，具有一定的知名度和影响力，展示了丰富的渔民生活、宗教文化和海洋历史。这些都是开发生态旅游项目的天然优势条件，能够吸引大量游客。

二、合理开发舟山群岛旅游资源

在舟山群岛的生态旅游项目中，不仅要开发，还应保护。在开发生态旅游项目时，应遵循可持续发展的原则，不能对生态环境造成破坏，应充分考虑海洋环境的保护问题，防止海洋资源浪费和海水污染等问题发生。

舟山群岛在开发海洋生态旅游项目时，还应考虑游客的喜好。由于舟山群岛是一个风景秀丽的海岛地区，因此可以利用海岛风光和海洋生物等特色内容来吸引更多的游客。例如，可以开发一些海洋特色的旅游项目，如潜水、钓鱼等。同时还可以利用海洋生物资源吸引游客前来观赏海洋生物，进而吸引更多的游客前来观赏舟山群岛中独特的自然风光，让游客了解舟山群岛中独特的自然风光和人文景观。

（一）海洋特色旅游项目

舟山群岛中的海洋生态旅游项目主要是指对海洋生物的观赏，而不是对海洋生物进行捕捞。在舟山群岛开发海洋生态旅游项目时，应该注意海洋生物资源的保护，从而避免对海洋生物资源造成破坏。例如，可以利用一些海洋生物吸引游客前来观赏，进而吸引更多的游客前来舟山群岛参观，从而促进舟山群岛旅游业的发展。同时，在舟山群岛中有许多潜水基地和钓鱼基地，通过这些基地的开发，可以吸引更多的游客前来。此外，在舟山群岛中有许多海洋特色项目是依靠海洋生态环境吸引游客前来观赏，例如舟山群岛中有许多海洋生物馆和海洋生物科技馆。

（二）生态环境保护

在舟山群岛开发海洋生态旅游项目时，我们必须贯彻“海岛生态环境协调发展”的理念，以实现自然与人文的和谐共生。舟山群岛以其独特的自然风光和丰富的海洋生态资源吸引着众多游客，然而，这种资源的独特性和脆弱性也要求我们更加谨慎和细致地进行开发。

为了确保舟山群岛的可持续发展，我们在开发过程中，不仅需要充分展示其美丽的自然风光和丰富的海洋生态，还要加强对这些宝贵资源的保护。这要求我们在规划和设计旅游项目时，充分考虑到舟山群岛的生态脆弱性，避免对自然环境和生态系统造成不可逆的损害。

同时，我们还应该通过科学的管理和宣传，引导游客养成良好的生态环保习惯，如减少垃圾产生、保护海洋生物等。这样不仅可以提升游客的旅游体验，还能培养他们的环保意识，进一步促进舟山群岛的生态环境保护和可持续发展。

总之，在舟山群岛开发海洋生态旅游项目时，我们应坚持“海岛生态环境协调发展”的原则，实现经济效益与生态效益的双赢，让这片美丽的海岛永远保持其独特的魅力和生机。

（三）人文景观建设

舟山群岛中有很多地域特色文化，如渔民文化、历史文化、佛教文化等。这些文化中蕴含在丰富的人文景观里，是舟山群岛中具有旅游吸引力的特点之一。通过对舟山群岛中的人文景观进行开发，不仅可以提升舟山群岛的形象，还可以使舟山群岛更好地展示其独特的地理优势和自然环境。此外，通过对人文景观进行开发，还可以让游客更好地了解舟山群岛的历史和文化，对于宣传舟山群岛的独特魅力和扩大其知名度有很大的帮助。

在舟山群岛中有很多古老的景观，如普陀山风景区、嵊泗列岛和岱山岛等，这些景观都具有悠久的历史和深厚的文化底蕴。因此，可以在这些景观的基础上进行生态旅游项目开发，使游客了解舟山群岛中古老的历史和文化背景。此外，还可以对一些古建筑进行适当的改造，以更好地展现舟山群岛独特的人文景观。

通过对人文景观进行开发和建设，不仅可以更好地展现舟山群岛的独特魅力和丰富旅游资源，而且还可以为游客提供更多的旅游项目和旅游内容。例如，在普陀山景区、岱山岛风景区和嵊泗列岛风景区等自然景观中进行生态旅游项目开发时，可以为游客提供一些生态旅游项目和内容。在一些古建筑中进行生态旅游项目开发时，还可以在其中展示一些自然风光、人文景观等内容。例如，在普陀山风景区中可以增添一些有关海岛风光和人文景观等内容。通过对舟山群岛中独特文化进行挖掘和宣传来提升舟山群岛的形象和知名度。此外，还可以将舟山群岛中独特文化与其他地区不同文化进行比较，使游客更好地了解舟山群岛的独特文化背景、文化内涵以及独特风格等内容。

（四）旅游教育

舟山群岛在旅游教育方面，可以开发一些与旅游相关的教育项目。例如，在旅游教育过程中，可以组织一些游客参观舟山群岛的历史文化遗址，舟山群岛定海区的定海古城、普陀山的东极岛等著名的旅游景点都具有很高的历史文化价值。游客可以在游览定海古城时了解到舟山群岛的历史文化，通过参观定海古城和东极岛等景点，游客可以了解到舟山群岛中独特的文化遗产和历史遗迹。

此外，通过开展旅游教育项目，还可以使游客了解到舟山群岛中独特的海洋生态环境，进而使游客对海洋生态环境保护有更深刻的理解。由于海洋生态环境对人类的生活具有重要影响，因此在开展旅游教育项目时，需要对海洋生态环境保护进行细致的科普。例如，为了保护海洋生态环境，可以在旅游教育项目中引入一些有关海洋生态环境与保护的教育内容，游客在参观舟山群岛独特的海洋生态景观后，可以更好地树立起保护海洋生态环境的意识。

在开展旅游教育项目时，还可以设置一些与本土文化相关的主题活动。例如，在舟山群岛中开展一些与海岛文化相关的主题活动时，游客可以了解到舟山群岛中独特的海岛文化，获得更好的旅游体验。

同时，可以利用旅游教育项目来开展有关文化遗产保护的活动。通过开展旅游教育项目，促进文化遗产保护和海洋生态环境保护，是实现共同富裕目标必不可少的一步。

三、深度挖掘舟山群岛文化内涵

舟山群岛作为我国的第一大群岛，拥有丰富的旅游资源，这也是吸引游客前来舟山群岛旅游的重要原因之一。在舟山群岛，除了有自然风光外，还应挖掘当地的文化内涵。舟山群岛拥有丰富文化资源，如舟山渔民文化、佛教文化、海岛文化等。这些文化资源具有独特的魅力，对游客具有较大的吸引力。因此，在生态旅游项目开发过程中，应充分挖掘当地的文化内涵，并将其与生态旅游项目融合起来。此外，在开发过程中还应注重对海岛自然景观和人文景观的保护，避免对海岛自然景观和人文景观造成破坏。

（一）舟山渔民文化

舟山渔民文化是舟山群岛独特海洋文化的集中体现，其内涵丰富，涵盖了传统非遗项目、历史变迁、捕鱼工具和技艺等多个方面。舟山渔民画，这种现代民间绘画形式，以其夸张、抽象的手法表现出浓厚的海洋气息和审美特征，最早出现在20世纪80年代初期，作者多为渔村青年，他们用画笔描绘渔家充满传奇色彩的赶潮生活。这种艺术形式在1980年首届舟山渔民画展览后得到了升华，并逐渐成为展示中国海洋文化的重要组成部分。舟山渔民画具有强烈的时代感和鲜明的民族地域文化特征，其创作手法多样，造型夸张随意，色彩艳丽而富有表现力，不仅在国内获奖无数，还被多家美术权威机构收藏，走向了世界。

舟山群岛自古以来就是重要的渔场，早在明清时期就有详细的渔业记录。随着时代的发展，舟山渔民掌握了不同鱼类的活动规律，并根据不同季节的“渔汛”来安排捕捞工作，舟山渔民使用的捕鱼工具和技艺也是其文化的重要组成部分。例如，使用“小对船”，采用传统的手工对网捕鱼法捕捞，曾在舟山群岛的各个海岛广泛流传使用。这种捕鱼方式需要渔民们精准的操作技巧和团队协作精神。此外，舟山渔民还擅长制作各种绳索结，这些绳索结不仅是捕鱼时的重要工具，也被用于日常生活中的许多方面。通过“非遗＋文创”的方式，将这些绳索结制作成日常生活用品如手机挂饰、创意项链等，可以让更多人了解和传承这一技艺。

为了保护和传承舟山丰富的非物质文化遗产，当地政府和社会各界采取了一系列措施。例如，建立非遗传承地、培养非遗传承人、创建非遗传承人工作室等。同时，通过开展文化节等活动，促进民间艺术与生态文化的融合。舟山还积极推进海洋渔业文化遗产的普查与挖掘、修复研究以及传统渔俗保护等工作。通过这些努力，舟山的非物质文化遗产得以更好地保存和发展。

舟山渔民文化是一个多层次、多维度的文化体系，它不仅包含了诸如渔民画等独特的艺术形式，还包括了丰富的历史背景和实用技艺。通过有效的保护和传承措施，舟山渔民文化将继续焕发出新的活力，成为连接过去与未来的桥梁，对于维护海洋生态平衡、促进地区经济发展和文化多样性具有重要意义。

（二）佛教文化

舟山群岛拥有我国著名的佛教道场，其独特的佛教文化也吸引了不少游客前来参观。舟山群岛佛教文化的形成与舟山群岛独特的地理位置、历史背景和自然环境有着密切关系。在舟山群岛，佛教文化与海洋文化形成交汇，是当地文化的重要组成部分。舟山群岛佛教文化不仅可以为当地旅游业的发展提供动力，还可以丰富当地的文化内涵。因此，在开发舟山群岛生态旅游项目时，可以将其与佛教文化相结合，在尊重历史和文化传承的基础上增强舟山群岛佛教文化的影响力。同时，在开发佛教文化生态旅游项目时，还应注意避免对海岛自然风光和人文景观造成破坏。

第二节　舟山群岛旅游与生态环境协调发展

舟山群岛旅游与生态环境协调发展的概念涉及到如何在促进旅游业发展的同时，保护和维护生态环境的健康与可持续性。这一概念的核心在于实现旅游业效益增长与生态环境保护之间的平衡，确保旅游业的发展不会对海岛的自然环境造成不可逆转的损害。

舟山群岛作为一个具有丰富旅游资源和独特地理位置的地区，其旅游业的发展潜力巨大。然而，随着旅游业的快速发展，也带来了一系列环境问题，如生态赤字、碳足迹增加、生态系统破坏等。这些问题不仅威胁到舟山群岛的生态环境，也影响了旅游业的可持续发展。

为了实现舟山群岛旅游与生态的协调发展，需要采取一系列措施。首先，需要加强生态保护和恢复工作，通过建立和完善生态保护机制，减少旅游活动对生态环境的影响。其次，推广低碳旅游和绿色旅游，鼓励使用环保材料和技术，减少旅游过程中的碳排放和其他污染物排放。此外，还需要优化旅游产品和服务，提高资源利用效率，避免过度开发和同质化竞争。同时，通过科学规划和管理，有效提升舟山群岛旅游业的质量和竞争力。例如，通过实施“一岛一特色”的开发模式，突出各岛屿的文化内涵和自然资源特色，加强旅游基础设施建设，改善交通网络，提升服务质量，也是促进旅游业与生态环境协调发展的重要措施。

总之，舟山群岛旅游与生态环境协调发展的概念强调在旅游业发展过程中，必须充分考虑生态保护和环境可持续性的要求，通过综合施策，实现海岛旅游的健康、可持续发展。这不仅有助于保护和改善舟山群岛的生态环境，也为旅游业的长远发展奠定了坚实的基础。

一、舟山群岛的生态环境现状

舟山群岛的生态环境状况呈现出复杂多变的特点，受到多种因素的影响。

第一，舟山群岛的不透水面面积增加，这主要是城镇化进程中的土地利用变化所致。这种增加对海岛地表径流、淡水资源污染产生了重要影响，尤其是在沿岸区域，新增的不透水面多分布在此处。此外，岸线变迁也是一个值得关注的问题，过去四十年里，大部分有居民的海岛呈现明显的向海扩张趋势。这种扩张部分是由于人工修坝促淤以及海岸工程、港口疏浚物等因素驱动。

第二，舟山群岛新区的人均生态足迹不断增加，处于生态赤字状态且不断波动。这表明该地区在资源利用效率方面虽有所提高，但仍处于不可持续发展状态。近年来舟山海域水质呈明显下降趋势，海水中的主要污染物质为无机氮和活性磷酸盐。

然而，也有一些积极的方面。例如，社会发展恢复力在近十年有所加强，尤其是在淡水资源、交通、防灾减灾等方面的社会响应能力加强，一定程度上降低了海岛生态环境恢复力下降的趋势。此外，舟山群岛作为首个国家级群岛新区，其生态环境受到国家重点关注，提出了在构建美丽群岛新区的同时，能够使经济效益和生态环境协同发展的建议。

舟山群岛目前的生态环境状况面临着诸多挑战，包括不透水面面积增加、岸线变迁、生态赤字等问题。但同时，通过提高资源利用效率、加强污染防控等措施，也展现出了改善生态环境、促进可持续发展的潜力。因此，未来舟山群岛的生态环境保护和可持续发展需要综合考虑各种因素，采取有效措施来应对这些挑战。

二、舟山群岛旅游业发展中的具体环境问题

舟山群岛旅游业发展中存在的具体环境问题主要包括以下几个方面：

第一，土地利用和土地覆盖（LULC）。根据研究，舟山群岛的土地利用和覆盖发生了显著变化，从 2009 年到 2019 年，不透水面和农田面积增加，而森林、草地和水体面积减少。这种变化表明，随着旅游业的发展，自然生态系统受到了压力，导致生态退化。

第二，海洋垃圾问题。虽然文献中没有直接提到舟山群岛的海洋垃圾情况，但可以借鉴菲律宾锡亚高岛的情况。旅游业的发展带动消费增长的同时也伴随着废物的产出增加，进而导致了海洋垃圾问题。这不仅影响了岛屿的自然环境，也对旅游业的可持续发展构成了威胁。

第三，气候变化对土地生态系统的影响。气候变化导致的土地生态系统退化，如森林火灾的增加、陆地野生动物栖息地的丧失、水资源短缺以及对基础设施和文化遗产的损害，都会影响游客对目的地的价值感知。这些因素不仅影响当地居民的生活质量，也会影响旅游业的吸引力和可持续性发展。

第四，碳足迹问题。尽管文献中没有直接提及舟山群岛的旅游碳足迹数据，但从全球范围内的研究来看，旅游业是一个重要的碳排放源。随着旅游业的发展，特别是在岛屿目的地，可能会增加温室气体排放，加剧气候变化的影响。

舟山群岛旅游业发展中存在的环境问题包括土地利用和覆盖的变化、海洋垃圾问题、气候变化对土地生态系统的影响以及碳足迹问题。这些问题需要通过实施旅游可持续发展策略、加强环境保护措施和提高公众意识等方法来解决，以确保旅游业的长期可持续发展。

三、有效实施生态保护和恢复工作的措施

为了有效实施生态保护和恢复工作以减少旅游活动对生态环境的影响，可以采取以下措施：

第一，加强生态旅游景区保护规划。应加强对生态旅游景区的保护规划，确保旅游活动不会破坏自然环境。这包括制定详细的环境保护政策和措施，以及进行环境影响评价，以评估旅游活动对环境的潜在影响。

第二，实施游客管理方案。可以通过设置游客数量限额或收取环保费用来管理游客数量，从而减少对敏感区域的压力。此外，解决区域交通拥堵问题也是必要的措施之一。

第三，提高旅游参与者的环保意识。在经营过程中加强环保宣传，提高旅游参与者的环保意识，使其充分认识到保护生态环境对海岛旅游业的可持续发展有极其重要的意义。

第四，合理规划、开发和建设旅游资源。应注意保护好景区的生态环境，严格按照相关管理法规要求进行旅游资源的合理规划、开发和建设，加强对

生态环境保护的宏观调控。

第五，进行旅游环境影响评价。在进行生态旅游项目开发前进行旅游环境影响评价，为生态旅游开发的环境可行性、旅游规划的优化制定提供科学依据。

第六，采取经济政策措施。可以采取包括实施能源税、收集“生态费”等经济政策措施，以减少旅游活动对环境的影响。

通过上述措施的综合应用，可以有效地减少旅游活动对生态环境的影响，促进旅游业与自然生态环境的良性互动，实现旅游业的可持续发展。

四、低碳旅游和绿色旅游在舟山群岛的具体实施策略

在舟山群岛实施低碳旅游和绿色旅游的具体策略可以从以下几个方面进行考虑：

第一，优化交通方式。长三角地区短途客源地游客以乘坐汽车为主，而其他地区中长途客源地游客乘坐飞机的交通二氧化碳排放量占其旅游交通二氧化碳排放量的比例超过了 50%。因此，鼓励使用公共交通工具或推广电动汽车等低碳交通工具，减少个人燃油汽车和飞机的使用，是降低二氧化碳排放的有效途径。

第二，提升住宿的生态效率。住宿碳足迹是仅次于交通碳足迹的主要来源。因此，推广使用节能灯具、高效能空调系统、太阳能发电设施等，以及提高能源使用效率，可以有效减少住宿环节的碳排放。

第三，推广绿色餐饮。餐饮活动也是旅游过程中的一个重要碳排放源。推广使用本地食材，减少食物浪费，以及采用环保餐具和减少一次性用品的使用，都是减少餐饮环节碳排放的有效措施。

第四，发展生态旅游活动。通过建立基于碳足迹分析方法的模型，发现旅游过程中的碳足迹主要来源于交通、住宿、饮食、购物和娱乐活动等方面。因此，开发与自然环境和谐共存的生态旅游活动，如徒步、骑行、观景等，不仅能够为游客提供独特的旅游体验，还能有效减少对环境的污染。

第五，加强废弃物管理和回收利用。废物处理碳足迹也是旅游过程中的一个重要组成部分。加强废弃物分类收集、运输和处理，推广废弃物回收利用技术，可以有效减少废物处理过程中的碳排放。

第六，规划绿色旅游项目和路线设计。舟山群岛可以根据自身的旅游资源和区域优势，规划绿色旅游项目和设计旅游路线。例如，利用岛屿周边的自然景观和海域资源，开展海上运动、潜水、浮潜等低碳环保活动，同时确保这些活动不对当地生态系统造成破坏。

通过上述策略的实施，舟山群岛不仅能够实现旅游业的可持续发展，还能为游客提供更加健康、环保的旅游体验。

五、“一岛一特色”的开发模式在舟山群岛的应用效果

“一岛一特色”的开发模式在舟山群岛的应用效果可以从多个维度进行分析。首先，这一模式的提出是为了应对舟山群岛旅游开发中存在的问题，如缺乏科学的开发模式和管理机制，导致一些岛屿的旅游开发效果并不理想。通过实施“一岛一特色”的开发模式，旨在突出每个岛屿的独特性，从而提升整个舟山群岛的旅游吸引力。

从理论研究和实践探索的角度来看，舟山群岛的旅游开发策略包括了功能分区、产业融合以及基于地方感的乡村民俗旅游产品开发等多方面的内容。这些策略的提出和实施，表明了“一岛一特色”开发模式在理论和实践上都得到了一定程度的支持和认可。

具体到应用效果，虽然直接的数据和统计结果未有明确提及，但可以从几个方面推断该模式的效果。首先，通过对海岛特色资源的开发利用，舟山群岛的人居环境发生了积极的变化，这表明了特色资源的有效利用对于提升海岛旅游吸引力的重要性。其次，舟山群岛新区作为海洋经济的重要组成部分，其海洋旅游业的发展进入了一个黄金发展期，尽管还处于初级阶段，但已经显示出通过深入挖掘海岛旅游资源禀赋满足旅游市场需求的潜力。此外，基于地方感的乡村民俗旅游产品开发研究，提出了多种模式和策略，这不仅

有助于保护和传承海岛文化，也为乡村旅游的可持续发展提供了新的思路。

然而，也存在一些挑战和不足。例如，交通瓶颈、运营管理人才缺乏等问题仍然是制约舟山群岛旅游发展的重要因素。此外，海岛旅游产品的开发广度和深度上还不够充分，尚未形成一个完整的产品谱系。

“一岛一特色”的开发模式在舟山群岛的应用效果总体上是积极的，它有助于提升岛屿的旅游吸引力和经济活力，同时也促进了海岛文化的保护和传承。然而，要实现这一模式的最大化效益，还需要解决交通、人才等方面的挑战，并进一步丰富和完善旅游产品体系。

第三节　舟山群岛旅游发展面临的生态环境压力及挑战

随着海岛旅游的兴起，舟山群岛生态环境问题日益突出。生态环境问题主要包括海洋污染、资源短缺、生物多样性下降、水土流失等。由于舟山群岛的开发建设，使其生态系统受到了一定程度的破坏，从而引起了一系列的生态问题。因此，加强舟山群岛生态系统的研究和管理，是保障海洋经济可持续发展的必然要求，也是维护社会稳定和经济发展的重要基础。

一、舟山群岛旅游导致海洋污染

海洋污染主要是由工业污染、农业污染和生活污染等引起的，而舟山群岛的海洋环境正受到污染。舟山群岛海域的主要污染物有工业废水、生活污水和城市污水，以及工业垃圾、农用塑料薄膜、农药化肥等。由于舟山群岛开发时间较短，缺乏对海洋环境的科学研究，没有建立完善的海洋环境监测体系，因此对海洋环境的监测还不够完善，缺乏对海洋环境质量状况的全面了解。在调查中发现，舟山群岛海域内污染物种类繁多，由于舟山群岛海域内工业废水和居民生活污水不能得到有效处理，因此对海洋生态环境造成了污染。舟山群岛海域内有大量养殖鱼类，这些鱼类通过呼吸作用将排放的大量重金属等物质吸入体内，造成了舟山群岛海域内的渔业资源破坏，从而降低了海洋资源开发利用效率。

二、舟山群岛自身的资源短缺

舟山群岛自然资源贫乏，人口多，人均资源占有量小，人均耕地面积仅为全国平均水平的 1/4，水资源贫乏。舟山群岛有大小岛屿 1300 多个，但由于岛屿较多，交通不便，资源开发利用率低。舟山渔场的渔业资源十分丰富，拥有 365 种鱼类，其中以黄鱼、带鱼、鲳鱼和墨鱼等经济鱼类最具特色。但是由于舟山群岛的岛屿众多，交通不便，而且缺乏统一规划和管理，加上一些渔民不遵守生态规律，随意捕捞，导致资源遭到严重破坏，舟山群岛的渔业资源在近几十年都没有得到明显地改善。此外，舟山群岛的土地面积小、人口密度大、人均耕地少、人均淡水资源不足等因素也是造成舟山群岛渔业资源下降的原因。据统计数据显示，舟山群岛拥有耕地面积约为 1.9 万公顷，其中水田 1.19 万公顷，旱地 0.71 万公顷；舟山群岛拥有水资源总量约为 7.7 亿立方米，人均拥有水资源量不足 700 立方米。由于人均水资源短缺，舟山群岛的渔业生产和人民生活用水都存在着严重的困难。淡水资源的严重缺乏，使得很多渔民不得不取海水饮用，而海水淡化技术较为落后且成本较高，因此也成为舟山群岛渔业发展的又一制约因素。另外，海岛上缺乏统一的排水系统和污水处理系统等基础设施建设，致使海岛上许多生活污水未经处理就直接排放到海里去，这些生活污水不仅会污染海水和海洋生态环境，而且还会造成渔业资源的衰退和生物多样性的丧失。

（一）人口问题

舟山群岛是中国的第一大群岛，人口密度大，平均每平方千米就有几十人。人口密度大意味着人均资源占有量小，在一些偏僻的海岛上，人与自然之间的矛盾更加突出，人口问题成为舟山群岛地区生态环境恶化的又一主要因素。由于岛屿面积小，人口密度大，这就使得舟山群岛地区的土地资源非常有限，人们的生产、生活等各方面都受到了很大的限制。据统计数据显示：在舟山群岛一千多个岛屿中，除无人岛以外，在人口密集的地区，人均资源占有量小。舟山群岛地区是我国较为缺水的地区之一，但是人口数量和人口素质等原因，使得人口问题对舟山群岛生态环境恶化造成了严重的影响。

（二）城市化问题

随着城市化进程的不断加快，城市人口的急剧增加，城市生活污染和废物排放日益严重，大量的生活垃圾和工业废水直接排入海洋，使得海洋环境受到严重污染。同时，随着土地资源的日益紧张，城市建设用地的急剧扩张，向海要地的情况造成了大量沿海滩涂被占用。这不仅影响了海洋环境和渔业资源的保护与发展，而且也影响到了城镇居民的生活质量。随着沿海地区工业化水平的不断提高，工业污水和生活污水的排放量也在逐年增加，而这些工业废水和生活污水又大部分未经处理直接排放到海里，对生态环境造成了极大的威胁。

（三）资源开发和利用问题

舟山群岛资源的开发利用还存在着较大的问题，主要表现在以下几个方面：

1. 海岛资源开发力度不够，而且对于海岛资源的开发利用缺乏科学的规划和管理，造成了很多海岛资源被浪费或者遭到破坏。

2. 有些海岛因为长期未得到合理的开发和利用，已经出现了衰退的现象。

3. 由于海岛上人口众多，自然资源相对不足，造成了大量人口需要到海上去寻找淡水、食物和其他资源。

4. 海岛上缺乏统一的排水系统和污水处理系统等基础设施建设，大量生活污水未经处理就直接排放到海里，缺乏合理规划和利用。

5. 海洋资源开发利用不当，造成了舟山群岛生态环境恶化等问题。

因此，为了改善舟山群岛自然资源不足、环境污染和生态破坏等问题，必须在充分发挥舟山群岛现有资源优势的同时，加强海岛资源的开发利用。只有这样才能使舟山群岛地区的生态环境得到改善，促进舟山群岛地区经济的发展和人民生活水平的提高。

三、舟山群岛的生物多样性下降

舟山群岛的生物多样性下降，主要是由于人类活动引起的。舟山群岛位于我国东南沿海，属亚热带季风气候，具有海陆交错的特殊环境。随着海洋渔业开发、海洋工程建设、围海造地和海水养殖等人为活动的影响，舟山群岛的生物多样性出现了明显下降。舟山群岛海域作为我国重要的渔场之一，养殖鱼类品种繁多，经济价值高。自 20 世纪 70 年代以来，舟山群岛大量养殖海水鱼类如大黄鱼、小黄鱼、带鱼、鲳鱼、墨鱼等。但随着围海造地和海水养殖的发展以及近海捕捞活动的加剧，加上全球气候变化对海洋生态系统的影响越来越明显，海洋生态系统结构与功能发生了显著变化，海洋渔业资源急剧减少。

舟山是我国沿海森林植被类型最为丰富的地区之一，现有维管束植物 186 科、795 属，1801 种，包括天然分布的濒危植物 20 多种，拥有国家 I 级保护植物 1 种（普陀鹅耳枥）。境内有陆生野生动物 293 种，其中国家级重点保护动物 28 种，省级保护动物 30 种。有著名的五峙山鸟岛自然保护区，区内有各种水鸟 51 种，其他鸟类 54 种，世界濒危物种黑脸琵鹭、世界受胁物种黄嘴白鹭在区内均有分布。海域海洋生物资源丰富，有鱼类 300 多种，虾蟹类 100 多种，头足类 30 多种及其他经济动物共计近 1000 种。但是舟山海岛土壤贫瘠，不利于植物生长。舟山以滨海盐土和粗骨土为主的土壤构成，因其有机质含量低、粘性重、透气性差，影响植物正常的呼吸作用，制约根系的生长。土壤的保水保肥能力差，且有机质极易流失，如遇“负风暴潮”灾害，森里植被会因严重缺水而死亡。

陆域面积小，绿化空间存在制约瓶颈。舟山市陆域面积1440平方千米，以丘陵为主的岛体，多以岛屿组成，且随着城市化的推进，可用于绿化造林的地域逐年减少，沿海滩涂、盐碱地及荒山岭地因生态较为脆弱，且存在施工强度大、技术要求高、建设投入多等原因，也不易大范围的植树造林，制约绿化空间的进一步拓展。

岛际交通不便，影响苗木成活率。岛屿众多的现状决定了岛际间必然存在交通末梢。在海上长距离运输时，苗木因长期处于脱水期，且暴露于高盐环境，往往导致偏远小岛及无人岛上苗木的成活率低于平均值。

舟山群岛新区地处浙江中部沿海，位于北回归线以南，属亚热带南缘海洋性季风气候区，由于受到季风影响，降雨充沛，海洋水汽含量大，降水量丰富，舟山群岛沿海地区分布着众多的岛屿，岛屿众多、水系纵横，再加上工程建设等人类活动的影响，致使舟山群岛的水土流失现象十分严重。由于舟山群岛位于我国东南部沿海地区，处于冲积平原和长江三角洲滨海平原之间的过渡地带。在这一区域内分布着众多的岛屿（如嵊泗列岛、岱山岛等），受地形地貌的影响，舟山群岛各岛屿间形成了较为明显的河流水系和滨海沙坝等地形地貌，这些地形地貌主要为冲积平原或海积平原。

舟山群岛沿海地区台风频发，对当地社会经济发展产生了严重影响。统计数据显示，2006—2018年，舟山市共遭受台风影响50余次，因台风风暴潮造成的灾害损失约80亿元。舟山群岛沿海地区沿海风力较大，最大可达12级以上（风速约为每秒32.2米）；最大海浪高可达1.2米左右；海水温度高（平均约为28℃），一般夏季海水温度可达30℃以上，冬季可达10℃左右。海洋是舟山群岛的重要生态系统之一，但由于舟山群岛地处东南季风与西北季风交汇地带，台风常会对海洋生态系统造成严重破坏。舟山群岛海域处于中国海洋生态环境敏感区内，尤其是舟山群岛北部海域因受大陆暖湿气流的影响而形成了特殊的海洋气候环境。随着舟山市经济建设和城市建设步伐的加快，人口和经济活动不断向沿海扩展，舟山群岛海域已成为一个“高风险区”。此外，海洋污染也会对舟山群岛生态环境造成危害，随着海洋污染的加剧，舟山市海域生物多样性减少、渔业资源衰退等问题日益突出。

舟山群岛旅游开发建设，需要正确处理好经济发展与环境保护之间的关系，以实现经济发展与生态保护的协调和可持续发展。分析开发建设过程中生态环境恶化的挑战和问题，对于舟山群岛生态环境问题的解决有一定的帮助，一方面需要对舟山群岛开发建设中出现的生态环境问题进行深入分析，通过加强管理和调控来达到缓解和解决问题的目的；另一方面需要充分发挥科技优势，依靠科技手段，实现生态系统保护与修复。加强对舟山群岛生态系统的研究和管理，是维护社会稳定和经济发展的重要基础。

第四节　共同富裕背景下的舟山群岛旅游与生态环境协调发展

海岛旅游与生态环境协调发展是一个具有交叉学科性质的研究课题。通过对海岛旅游与生态环境协调发展关联性的分析，认为生态环境是海岛旅游可持续发展的基础，而正确发展海岛旅游又是促进海岛生态环境保护的重要手段。

一、舟山群岛旅游与生态环境协调发展间的关系

海岛旅游与生态环境保护的关系是海岛旅游发展中的一个重要问题，也是学术界关注的焦点之一。海岛旅游具有较强的经济、社会、生态和文化效益，且往往是“环境—经济—社会”复合系统中的一环。海岛旅游与生态环境保护二者之间具有联系，这种联系既表现为内在的关联性，又表现为外在的关联性。从内在关联性来看，海岛旅游对生态环境具有正效应，能促进海岛生态环境的保护，如改善生态环境质量、恢复海岛自然景观、保护生物多样性等。从外在关联性来看，海岛旅游对生态环境具有负效应，会导致海岛生态系统

失衡和破坏。这种负效应一方面是由于相关活动对海岛生态系统造成了干扰和破坏，如过度捕捞、非法盗采、旅游垃圾污染等；另一方面是由于旅游者消费行为产生的负面影响，如旅游者在消费过程中对某一场景所产生的环境污染、破坏行为等。

（一）海岛旅游与生态环境协调发展的相互促进作用

要实现海岛旅游与生态环境保护的协调发展，就必须在两者之间建立一个相互联系的有机整体。在促进两者协调发展方面，既要充分认识到两者之间的关联性和相互促进作用，又要在实践中正确处理好两者之间的关系。一方面要加强对旅游资源和生态环境保护理念和方法的宣传教育，提高社会公众对生态环境保护重要性的认识；另一方面要在发展旅游业时注重对资源和环境保护问题进行统筹考虑、科学规划、合理开发。只有这样，才能实现舟山群岛旅游与生态环境保护协调发展。

海岛旅游开发不仅是对海岛资源和环境的开发，也是对旅游目的地所处的社会经济环境的开发。海岛旅游资源是可持续发展的重要基础，对海岛旅游资源开发，不仅有利于提升旅游资源质量、发挥其社会文化功能，还有利于保护生态环境和旅游目的地的自然景观。但是，如果盲目进行旅游资源开发，则会给海岛生态环境带来巨大的破坏作用。因此，在进行舟山群岛旅游资源开发时要遵循保护优先的原则，通过对开发区域生态系统进行保护、恢复、建设和管理等措施来实现海岛自然生态系统和社会经济系统的可持续发展。如果海岛旅游资源得到合理利用，不仅能够实现旅游业的可持续发展，还能够进一步加强海洋生态环境的保护。

海岛旅游发展的首要任务是保护和恢复生态系统。生态系统具有自然属性和社会属性，其功能不仅表现在提供人们所需要的各种产品和服务，而且还表现在维持生态平衡和人类健康。因此，保护和恢复海岛生态系统是舟山群岛旅游发展的首要任务，其目的是实现海岛旅游与生态环境保护的相互促进。通过控制游客数量、改变海岛环境污染、改善生态质量、控制旅游资源的过度开发，可以有效地保护和恢复海岛生态系统等，从而有利于实现舟山群岛旅游与生态环境保护的协调发展。

（二）海岛旅游与生态环境保护之间的矛盾

生态环境是人类赖以生存和发展的物质基础，是海岛旅游可持续发展的基础，同时也是海岛旅游开发的根本保障。海岛作为人类生存和发展的重要空间，承载着人类对生存环境的需求和依赖，直接关系着人类自身的生存和发展。而人类在海岛上建设与活动所产生的经济、社会和自然等各种资源消耗，又为海岛生态环境带来了巨大压力，造成了一系列生态环境问题。这些生态环境问题不仅直接影响到海岛居民的生活质量，而且还会制约海岛旅游业的可持续发展。

舟山群岛，古称海中洲，位于浙江省东北部，整个岛群呈北东走向依次排列，属于亚热带季风气候，年均气温 16℃，6 月至 9 月份降雨居多，是中国的一个岛群。舟山生态旅游环境的特点是蓝天、碧海、绿岛、金沙、白浪，以海、渔、城、岛、港、航、商为特色，是集海岛风光、海洋文化和佛教文化于一体的海洋旅游资源，舟山境内共拥有佛教文化景观、山海自然景观和海岛渔俗景观 1000 余处，主要分布在 23 个岛屿上，拥有普陀山、嵊泗列岛两个国家级风景名胜区，岱山岛、桃花岛两个省级风景名胜区以及全国唯一的海岛历史文化名城定海。舟山群岛的南部大岛较多，海拔较高，排列密集，北部由三组列岛组成，即嵊泗列岛、衢山列岛、岱山列岛，地势较低，分布较散，主要岛屿有舟山岛、岱山岛、六横岛、金塘岛、衢山岛、朱家尖岛等，其中舟山岛最大，面积为 502 平方千米，是中国第四大岛，岱山岛为舟山第二大岛。

然而，在大力发展海岛旅游产业时，舟山群岛部分区域存在着一些生态环境破坏与污染等问题，如在朱家尖群岛部分海域存在着严重的海水富营养化现象，影响了渔业生产；岱山县部分海域存在着严重破坏海洋生态环境的行为。这些问题不仅影响了舟山群岛旅游业发展质量，也给舟山群岛生态环境保护带来了不利影响。

为了保护和改善生态环境，实现海岛旅游资源的可持续利用，促进海岛旅游业可持续发展，国家和地方政府都制定了一系列政策法规。但是在执行过程中往往流于形式，很多地方政府虽然制定了相关政策法规，但是缺乏相应的监督机制和处罚措施。因此，要解决海岛生态环境问题，实现旅游与生态环境协调发展，必须提高地方政府及有关部门对生态环境保护重要性和必要性的认识水平。只有从思想上改变人们对旅游生态环境问题的认识，才能从根本上解决海岛旅游发展与生态环境保护之间的矛盾。

（三）海岛旅游与生态环境协调发展的合理开发

海洋旅游资源具有丰富的生态系统，涉及众多的海洋生物和海洋植物，并在漫长的演化过程中形成了许多独特的生物群落。因此，在进行海洋旅游开发时，要注意保护好这些海洋生物赖以生存的家园。因为海岛生态系统具有不可替代性，一旦遭到破坏，就很难恢复。如舟山群岛一些岛屿周围由于受到大量的船舶活动以及捕捞作业的影响，出现了生物数量的下降以及生物多样性减少等现象。另外，海洋旅游资源的破坏不仅包括海岛生态系统中的动植物景观、水体景观等自然景观的损害，还包括人类活动对其造成的影响，如渔场围垦、滩涂开发、海岛交通运输、水产养殖以及海岛旅游开发等对海岛生态系统造成一定程度的破坏。在进行海洋旅游开发时必须坚持生态优先原则，注重生态环境保护，通过加强海洋生态系统管理来实现海洋旅游资源的可持续利用。在进行海洋渔业资源开发时必须采取合理的方式方法，不能以牺牲生态环境为代价。

开发和利用海岛，必须遵循科学发展观，坚持可持续发展的原则，要充分考虑海岛资源的承载力，合理地规划海岛旅游资源的开发。在开发利用海岛旅游资源时，必须坚持以保护为主、适度开发、永续利用的原则，不能为追求经济利益而破坏海岛生态环境。要坚持节约用地原则，积极推行可持续发展的经营模式，实行“小规模、高品位”的开发模式。同时，要坚持在保护中开发、在开发中保护的原则，做好生态旅游规划和生态环境保护规划，提高生态旅游产品的科技含量。在开发过程中要把资源浪费、环境污染作为最大的浪费和最大的污染来处理，让资源可持续利用，环境可持续保护成为发展海岛旅游最主要的指导思想。

舟山群岛发展海岛旅游，必须根据海岛的自然地理环境、社会经济条件和历史文化传统，发挥海岛自身的优势，突出海岛特色。要按照可持续发展的原则，大力发展生态旅游，把生态资源优势转化为经济优势和产业优势，提高经济、社会和生态效益。

一是要树立全新的旅游观念。正确处理好旅游开发与保护的关系，坚持旅游可持续发展理念，将保护自然生态环境作为旅游开发的前提条件和基础保障。

二是要充分发挥海岛独特的生态环境优势。结合当地实际情况，因地制宜地制定科学合理、切实可行的海岛发展规划和发展策略，坚持人与自然和谐相处的原则，将旅游资源与当地自然景观结合起来，注重自然环境与人文景观的相互交融，努力创造具有鲜明个性特色的海岛旅游产品。

三是要结合当地地域特征和历史文化传统，大力发展具有地方特色和文化底蕴的海岛旅游产品。同时注重对海岛景观资源进行保护性开发和利用，避免在开发过程中破坏其自然风貌和生态环境。

四是要建立健全海岛生态环境保护制度。通过法律法规以及其他形式来规范和约束地方政府及有关部门对海岛旅游活动的管理行为以及相关经营活动。

五是要加大对海洋环境保护监督力度。对海洋资源进行全面、科学、合理的规划和开发利用，提高海洋资源利用效率，减轻资源开发带来的生态环境压力。

六是在海岛旅游的开发和管理过程中，企业是最重要的经营主体，旅游企业应该自觉承担保护生态环境的社会责任，遵守环保法律法规，加强旅游企业员工的环境意识和环保能力。

在海岛旅游开发过程中，要把对自然生态环境的保护放在第一位，特别是要把生态环境保护作为海岛旅游开发的首要条件。应该严格按照相关法规要求进行科学、合理规划和开发。要对生态环境进行定期监测与评价，做好海岛生态环境保护规划，建立健全相关管理制度。同时在进行旅游项目开发和建设时，必须根据当地实际情况科学设计项目工程建设方案和环保措施，并严格按照环保要求组织实施。此外，还要在旅游发展中加强环保宣传教育工作，通过制定各种宣传教育活动方案和计划，以多种形式对游客、当地居民、各级干部以及政府工作人员等进行环保知识培训。

（四）在开发旅游项目中以生态保护为首位

海岛旅游资源不仅包括海岛的自然风光、历史文化遗产等，还包括海岛的建筑、人文景观等，这些构成了海岛旅游开发项目的主要内容。不同的旅游资源有不同的特点，同时也有不同的开发价值。在开发利用中，对不同类型的资源要采取不同的保护措施，做到可持续利用。如今，在舟山群岛中，旅游资源丰富，自然景观有很多独特之处，因此，对其保护就应该有重点。在开发时，要对生态环境进行保护，使其保持生态平衡，有效地保护当地生态环境。

近年来，旅游业已经成为舟山群岛经济发展的支柱产业之一。随着旅游人数增加、居民收入增加和旅游业规模扩大等因素的影响下，舟山群岛一些居民从农业转向旅游业工作，生活水平和收入不断提高。旅游业在“十三五”期间已经成为了舟山市国民经济的重要组成部分，并且是服务业中的龙头产业。

具体来说，舟山市通过发展海岛旅游，吸引了大量游客前来观光休闲。例如，普陀山等地区开发了多种旅游项目，如民俗文化村、采摘、钓鱼等活动，极大地丰富了当地的旅游资源。此外，舟山还利用其独特的海洋资源，推动渔家乐和休闲农庄的发展，形成了新的海岛旅游经济模式。

通过游玩，游客可以了解到舟山群岛的风土人情，在游玩中了解舟山群岛的生态保护重要性，从而保护当地的旅游资源。在舟山群岛旅游规划和项目开发中，要将生态保护作为首要考虑的问题，确保在开发建设过程中不破坏生态环境。旅游规划和项目开发要坚持在保护的前提下进行，旅游规划要对资源、环境、社会等方面调查研究，制定合理可行的旅游发展规划。在开发建设过程中，要坚持因地制宜、严格把关，最大限度地降低对生态环境的影响。在规划和开发过程中，要将生态保护作为项目立项、规划和设计的重要指标之一，确保项目在立项和设计时充分考虑生态环境因素。同时，还要注重对旅游活动内容的控制和管理，坚持可持续发展。在项目开发和建设过程中，要尽量最小化对生态环境的负面影响，尽可能减少对生态环境的破坏。在进行旅游设施建设时要尽可能使用环保型材料和设备，例如建设沙滩浴场时应尽量减少对沙滩资源的破坏；建设旅游目的地公共卫生间时要尽可能减少对土地资源的占用；建设水上游玩设施时应尽量避免对水体资源产生不利影响等。

舟山群岛的旅游业发展在很大程度上得益于其良好的生态环境。良好的生态环境是旅游业发展的基础，也是促进旅游业健康发展的关键。首先，要重视保护好海岛原始自然景观；其次，在进行海岛旅游资源开发时应遵循“适度开发”原则，避免对原始自然景观的破坏性开发和过度开发；最后，要合理控制海岛旅游资源开发对环境影响的程度和范围。例如，在对朱家尖岛进行旅游资源开发时，必须注意保持海岛自然景观的原生态特征；在对渔山岛景区进行旅游资源开发时，必须注意保持好景区内的原始生态环境；在对普陀山风景名胜区进行旅游资源开发时，必须注意保持好普陀山的生态环境。

总之，舟山群岛要想更好地发展旅游业就必须把保护好生态环境放在首位，只有这样才能保证舟山群岛的旅游业持续、健康地发展。

二、共同富裕背景下舟山群岛旅游与生态环境协调发展的重要性

在共同富裕的伟大战略背景下，舟山群岛的发展面临着新的机遇与挑战。

旅游与生态环境的协调发展在这一进程中有着至关重要的意义，它不仅关乎当地经济的持续增长，更涉及社会公平、人民福祉以及生态可持续性等多个层面。

（一）经济可持续增长的关键

舟山群岛拥有得天独厚的自然景观和丰富的海洋文化资源，这些是发展旅游业的宝贵财富。旅游业作为一种综合性产业，具有很强的经济带动作用。在共同富裕的目标下，旅游发展能够为当地创造大量的就业机会，从酒店、餐饮等基础服务业到旅游管理、营销策划等高端岗位，覆盖了不同技能水平的人群，为居民增加收入提供了多元途径。

然而，这种经济增长的可持续性高度依赖于生态环境的质量。优质的生态环境是吸引游客的核心要素。舟山群岛清澈的海水、洁净的沙滩、丰富的海洋生物以及清新的空气，构成了其独特的旅游魅力。如果在旅游开发过程中忽视生态保护，海水污染、沙滩破坏、海洋生态系统受损等问题将接踵而至，直接导致旅游吸引力下降。例如，一旦海滩出现垃圾堆积、海水富营养化导致赤潮频发，游客数量必然减少，旅游收入也会随之降低。只有保持生态环境与旅游开发的协调发展，才能保障旅游经济的长期稳定增长，实现经济层面的共同富裕。

（二）社会公平与福祉提升的保障

共同富裕强调全体人民共享发展成果，舟山群岛旅游与生态环境协调发展有助于促进社会公平。旅游业的发展可以带动基础设施建设，如交通、通信、水电供应等在海岛的完善。这些基础设施不仅服务于旅游产业，也改善了当地居民的生活条件。偏远渔村的居民可以享受到更好的交通出行，更稳定的水电供应，医疗和教育资源也能随着旅游业发展带来的人口流动和经济增长而得到优化。

生态环境的良好维护对居民的福祉至关重要。舟山群岛居民长期依赖海洋资源生存，良好的生态环境意味着渔业资源的可持续利用、清新空气对健康的保障。同时，在旅游发展过程中注重生态环境协调，能够确保当地居民继续在优美的自然环境中生活，避免因过度开发导致的环境恶化影响生活质量。这种发展模式使居民在旅游发展中既获得经济收益，又不牺牲生活环境，实现了社会公平和人民福祉的提升。

（三）生态可持续性的必然要求

舟山群岛的生态系统具有独特性和脆弱性，海洋生态平衡容易受到外界干扰。旅游开发如果不遵循生态规律，大规模的建设活动、游客涌入带来的垃圾和污染等都可能对生态系统造成严重破坏。从海洋生物多样性来看，不合理的海岸开发可能破坏珊瑚礁、海草床等生物栖息地，影响鱼类等海洋生物的繁殖和生存。从陆地生态角度，过度的旅游设施建设可能破坏岛上的植被，加剧水土流失。而旅游与生态环境协调发展是遵循生态可持续性原则的体现。通过科学规划旅游路线和设施布局，控制游客数量，推广生态旅游模式，可以将旅游活动对生态环境的负面影响降到最低。例如，发展海洋生态科普旅游，游客在专业人员引导下近距离观察海洋生物，既能满足游客的体验需求，又能增强游客的环保意识，促进生态保护。这种协调发展模式确保了舟山群岛生态系统的稳定和可持续性，保护了自然资本，为子孙后代留下了宝贵的财富。

在共同富裕的征程中，舟山群岛旅游与生态环境的协调发展是一条必经之路。它融合了经济、社会和生态多方面的要素，为当地创造了一种可持续发展的模式。只有充分重视并积极践行这种协调发展，才能让舟山群岛在共同富裕的道路上越走越稳，实现经济繁荣、社会公平、生态良好的美好愿景。

第三章 舟山群岛在旅游与生态环境协调发展中的实践经验

舟山群岛作为中国东海沿岸的重要海岛旅游目的地，以其优美的自然风景和丰富的生态资源吸引了众多游客。在海岛旅游与生态环境协调发展方面，舟山群岛积累了丰富的实践经验。本章将介绍舟山群岛在海岛旅游与生态环境协调发展方面的实践经验，包括生态环境保护、可持续发展、旅游规划等方面的探索与实践。通过分析舟山群岛的经验，可以为其他海岛旅游目的地提供借鉴和参考，促进海岛旅游业的可持续发展，保护海岛生态环境，提升游客的旅游体验。

第一节 舟山群岛的生态环境保护措施

舟山群岛位于中国东南沿海，地理位置特殊，是中国第一大群岛，也是长江三角洲重要的沿海城市。舟山群岛生态环境保护措施包括生态保护和治理两部分，其中生态保护是指对自然资源进行合理的开发和利用，对环境进行保护和改善；治理是指通过建立完善的管理体系和机制，对存在的问题进行解决。舟山群岛的生态环境保护措施成效包括加强对自然资源的保护；加快港口建设，建设港口与海洋工程，优化码头布局；加强环保基础设施建设；加强污染防治与治理；加强生物多样性保护等。舟山群岛在生态环境保护方面取得了良好的效果，生态环境得到明显改善。

舟山群岛生态环境保护措施中，首先是做好对自然资源的保护，主要是指加强对海洋、陆地生态系统的保护。舟山群岛的生态环境包括海洋、陆地、生物等，其中海洋资源占主要地位，而舟山群岛在保护海洋资源方面取得了良好的效果。舟山群岛海洋生态系统主要包括珊瑚礁、海带森林以及岩基海岸等，而这些生态系统都与海洋有关。在生态环境保护措施方面，主要是要加强对海洋环境的保护，保护海洋生物生存空间，加强对珊瑚礁以及海岛其他自然资源的保护。在加强对海洋生态环境的保护中，不仅要做到对自然生态系统的保护，还要做到对人工生态系统的建设。人工生态系统指由人类创造出来的生态系统，舟山群岛人工生态系统建设主要包括人工湿地等，湿地是人工生态系统中重要的组成部分，可以调节水环境、净化水质等。

一、加强对渔业资源的保护

舟山群岛渔业资源丰富，渔业资源保护一直以来是舟山群岛生态环境保护中的重要内容，并且舟山群岛渔业资源保护措施也取得了良好的效果。舟山群岛是我国第一批实行开放政策的港口城市，因此舟山群岛的渔业资源对我国经济发展有着重要的意义。20 世纪 90 年代以来，大量捕捞以及捕捞过度等情况的出现，导致舟山群岛的渔业资源遭到了严重破坏，甚至出现了海洋生态系统失调、海洋生物生存空间被压缩、海洋环境恶化等问题。

21 世纪以来，我国对于海洋环境的保护越来越重视，并且采取了一系列的措施来保护海洋环境。从 2007 年开始，我国禁止在禁渔期里在内海和领海内进行捕捞作业，并且加强了对渔船数量的控制，使得渔业资源得到了有效保护。另外，我国还采取了休渔制度、增殖放流等措施来对渔业资源进行保护。我国还在舟山群岛海域设立了马鞍列岛、中街山列岛两个国家级海洋特别保护区和舟山市东部省级海洋特别保护区，来加强对渔业资源的保护。此外，我国还建立了东海带鱼国家级水产种质资源保护区。自 2016 年开始，舟山群岛开始实施“蓝色海湾”整治行动，努力把舟山打造成为海岛生态修复的全国“海上金名片”。

二、开展海岛生态环境整治工程

海岛生态环境整治工程指的是通过一系列改善海岛生态环境的措施，来保证海岛的可持续发展，在舟山群岛中，主要包括陆岛生态环境整治工程以及海岛绿化工程。其中，陆岛生态环境整治工程是指通过改变海岛的地理环境来提高海岛的生态环境质量。舟山群岛的海岛生态环境整治工程主要包括两个方面：一是对海岛进行整治，通过一些生态恢复和保护措施来提高海岛的生态效益和经济效益；二是对岛屿进行绿化，通过绿化来巩固海岛生态建设成果。

在舟山群岛开展的以绿化为主的生态环境整治工程中，不仅要对岛屿进行绿化，还要对海岛进行保护，防止外来物种入侵。舟山群岛中的海防林具有保持水土、维护生态平衡的作用，通过建立沿海防护林，可以有效地保护海岛自然资源和生物资源。此外，舟山群岛还开展了以保护沙滩资源为主的生态环境整治工程，通过沙滩修复养护、人工补沙、清洁沙滩垃圾等方式来维护沙滩资源。最后，舟山群岛还开展了以保护海洋资源为主的生态环境整治工程，主要包括渔业资源以及滨海旅游资源保护等。

三、加强对海岛自然景观的保护

海岛景观主要是指岛上自然形成的景观，例如山岭、沙滩、礁岩等。在加强对海岛自然景观的保护中，首先是做到对山石等资源的保护，在进行海岛景观建设时，要选择合适的位置。在对舟山群岛山系进行保护时，可以采用人工手段，将山体利用起来，同时还要做好对山体的修整工作，保证山体质量。其次，要做好对海岛岩石的保护工作。在对岩石进行保护时，可以采用人工手段将其合理利用，例如利用岩石做护坡或者作为铺设道路的材料等。在进行海岛景观建设时，还要做好对山石的保护工作。在进行舟山群岛岛屿生态系统保护中，要做好对植被的保护工作，同时还要做好对生态系统的保护工作。舟山群岛中存在着大量的历史文化资源，例如渔民文化、佛教文化等。

在进行舟山群岛岛屿文化资源保护时，要做好对文物资源的保护工作。

舟山群岛生态环境保护措施中，还应做好对海岛风景资源的保护。在进行舟山群岛人文景观资源保护时，主要是指要做好与历史文化相关的文物资源及古建筑等保护工作。在进行舟山群岛自然景观与人文景观相结合的开发利用时，要做好对生态环境、风景名胜区以及自然保护区等生态环境与文化遗产等内容的协调、统一管理工作。

四、加强对海洋自然保护区的建设

海洋自然保护区主要是对海洋生态系统进行保护的一种方式，保护的对象包括海洋生物、珊瑚礁等，对于这些物种的保护需要做好两个方面的工作：一是要加强对海洋保护区的建设；二是要加强对海洋保护区的管理工作。

在加强对海洋自然保护区建设方面，主要是对海洋保护区中动植物的保护，包括对海洋生物种类的保护以及对珊瑚礁、潮间带生物以及海草床等的保护。在进行海洋生物保护工作时，首先要做好渔业资源监测、保护工作；其次要做好生态系统修复工作；最后要做好资源恢复工作。另外，还要做好相关生物多样性调查等。

在进行海洋自然保护区管理工作时，首先要做好保护区内动物、植物保护工作，维护生物多样性；其次要做好保护区自身建设，完善基础设施建设，如监测设施、救护设施以及科研设施等；最后还要做好自然保护区管理工作，建立健全相关规章制度。

五、实施海洋生态系统修复工程

舟山群岛实施海洋生态系统修复工程主要是指在舟山群岛海域中，通过人工手段建立起一套完整的生态系统。通过采取人工手段来实现对海洋生态系统的修复，可以在一定程度上改善生态环境，提高海洋资源的利用率。通过实施海洋生态系统修复工程，可以有效地降低海洋污染，提高海水资源的利用率，还可以有效地改善海洋生物的生存环境。

舟山群岛在实施海洋生态系统修复工程中，首先是做好海域环境保护工作。海域环境保护工作中坚持“预防为主、防治结合”的原则，对海域内的生物进行保护。在进行保护时，做到严格执法、文明执法、公正执法。对沿岸地区进行规划建设，在进行规划建设时充分考虑到海岸线和重要水域的规划建设工作，合理规划海域的发展和建设工作。其次是做好养殖水域环境保护工作。做好养殖水域的生态系统修复工作和资源保护工作以及养殖业的污染防治工作。

第二节　舟山群岛旅游与生态环境协调发展的实践

在推动旅游与生态环境协调发展方面，舟山群岛展现出前瞻性与策略性。《舟山市全域旅游发展规划（2017—2025年）》与《舟山国际旅游岛战略性总体规划》为这一进程确立了明确的蓝图。这两个规划强调了旅游与生态的共生关系，确立了通过全域旅游模式驱动旅游经济可持续发展的核心策略，倡导的不仅是经济效益的提升，更是对生态环境的深度保护，以创建国家生态文明示范区为长远目标。

规划中，生态保护被置于旅游规划的核心位置，与旅游产品的开发、交通基础设施的升级、公民生态文明意识的培养等环节相辅相成。通过科学的规划，舟山群岛努力在经济发展与生态保护之间找到平衡，确保旅游活动不会对脆弱的海岛生态系统造成不可逆的损害。例如，规划中提出的生态保育工程，包括海岛修复和生物多样性保护项目，旨在恢复受损的生态系统，确保海洋旅游业的长期可持续性。

在战略实施上，舟山群岛注重政策引导，通过制定和实施一系列环保政策，如增加环保投入、引进先进的环保技术，以改善和维持群岛的生态健康。同时，政府积极引导社会各方参与，通过“美丽海岛”建设，不仅提升了基础设施，优化了公共服务，还挖掘了海岛的特色文化，将不同岛屿打造为各有特色的旅游目的地，如主题示范岛、产业功能岛和产村融合岛，这既满足了游客多样化的需求，也有助于保护和彰显海岛的独特生态和文化价值。

规划与战略的制定与执行，需要兼顾旅游业的经济效益和生态效益，以实现社会经济的绿色发展。舟山群岛的经验表明，通过长期的规划与战略实施，可以在旅游产业的扩张与环境保护之间找到有效的平衡，为其他海岛地区乃至全球的旅游经济可持续发展提供有益的启示。在未来，舟山群岛将继续深化其战略，探索更先进的生态旅游模式，以期在全球范围内推广其成功案例，为海岛的可持续发展贡献“舟山模式”。

一、生态保护实践

在生态保护实践方面，舟山群岛展现出坚定的决心和丰富的手段，努力实现旅游发展和生态保护的双赢。通过实施大规模的海洋生态保育工程，如海岛修复与生物多样性保护，舟山在恢复受损生态系统的同时，也为游客提供了更丰富的自然观赏体验。生态修复项目不仅关注滩涂湿地重建等硬件层面的恢复，还关注引进和保护濒危物种（如中华白海豚和绿海龟）等软件层面的生态复原，这些举措无疑增加了群岛生态系统的稳定性和多样性。

在政策层面，舟山群岛建立了多个自然保护区和特别保护区，为敏感的海洋生物栖息地提供法律保护，确保在旅游开发中不损害其生存空间。这些保护区的设立，既符合国际公约的要求，又彰显了舟山对全球生物多样性保护的承诺。通过严格的准入管理和可持续利用原则，保护区成了生态旅游的热点，游客可以近距离欣赏到海洋生物的自然生态，感受生态保护的重要性。

舟山群岛在绿色旅游产品创新上也大放异彩，如发展邮轮游艇旅游、海洋体育赛事、海岛文化创意旅游等，这些产品不仅丰富了旅游体验，还倡导了绿色消费观念。通过举办海洋环保主题的活动，如海洋清洁日和海洋生物摄影比赛，旅游活动与生态保护有机融合，既吸引了游客，又提高了公众的环保意识。

在基础设施建设中，舟山群岛注重绿色交通的推广。例如，推进甬舟铁路等项目，优化了陆岛交通网络，减少了自驾游带来的环境污染和生态压力。同时，设立了海上旅游交通专线，推广新能源船舶，降低碳排放。此外，舟山还通过改进交通标识和道路引导系统，引导游客更有序、更环保地游览。

舟山群岛在生态保护实践上采取了多管齐下的策略，从政策制定、产品创新到项目实施，形成了一套系统且有效的生态旅游发展模式。这些实践不仅保护了脆弱的海洋生态系统，也为游客带来了高质量的生态旅游体验，实现了旅游经济与生态健康的良性互动。舟山群岛的生态保护实践案例，对于其他海岛地区乃至全球的生态旅游发展，提供了极具参考价值的范例。

二、旅游产品创新与交通基础设施建设

（一）绿色旅游产品开发

绿色旅游产品开发在舟山群岛的旅游与生态环境协调发展实践中起到了关键的推动作用。舟山群岛以创新思维和环保理念，不断丰富旅游产品类型，满足了不同游客群体的多元化需求，同时确保了生态系统的健康与稳定。舟山群岛大力发展邮轮游艇旅游，这一高端环保的出行方式，减少了陆地交通对环境的压力，同时也为游客提供了亲近海洋、领略群岛美景的独特体验。通过优化航线设计，游客能够在享受海上旅行的同时，欣赏到海豚、海鸟等海洋生物的自然栖息地，潜移默化中传播了生态保护的理念。

海洋体育赛事的兴起，如海洋马拉松、帆船比赛等，不仅丰富了旅游的运动元素，还通过这些活动宣传了海洋环境保护和可持续发展的理念。这类活动的举办不仅提升了舟山群岛的国际影响力，还鼓励游客以健康、绿色的方式参与旅游，倡导低碳生活。

海岛文化创意旅游的创新也展现出舟山群岛的生态与文化双重吸引力。通过挖掘和展示群岛丰富的海洋文化和渔村风情，游客能够在欣赏艺术作品、参与手工艺制作等活动中，感受海岛独特的文化底蕴，同时唤起对海洋生态

的敬畏和保护意识。这种将生态、艺术与旅游结合的方式，为绿色旅游增添了深度和内涵。

舟山群岛注重提升森林景观价值，通过建设森林公园、植物园以及滨海景观廊道，构建了一个立体式森林绿色生态体系。这些项目不仅为游客提供了休闲、观光的好去处，还有效保护了生物多样性，维护了岛屿的生态平衡。在这些绿色空间中，游客可以体验森林浴，参加自然教育课程，深入理解和欣赏大自然的魅力，从而增强生态保护的意识。

绿色旅游产品的创新不仅吸引了大量游客，也为当地的经济注入了新的活力。这些产品通过生态体验与传统旅游活动的融合，为游客提供了更丰富、更具有参与感的旅游选择，推动了旅游经济的可持续增长，同时也保护了脆弱的海洋生态环境。通过绿色旅游产品的开发，舟山群岛向世界展示了旅游与生态环境协调发展的可能性，为全球海岛地区提供了绿色旅游产品的创新范例。

（二）交通网络的优化

作为群岛地区，交通设施的完善与否直接影响着游客的可达性、旅游体验，以及对生态系统的潜在影响。为了克服陆岛交通瓶颈，优化旅游交通网络，舟山群岛进行了一系列重大工程的实施和创新。

甬舟铁路的推进，是交通基础设施建设的关键一步，它不仅拉近了舟山群岛与大陆的物理距离，也大大提高了旅游交通的效率，减少了自驾游造成的环境压力。通过铁路的连接，游客可以更便捷地抵达舟山，且火车的低碳出行方式，与群岛的生态旅游理念相吻合，对维护海洋生态系统的健康起到了积极作用。

同时，优化的标识标牌和道路引导系统对于旅游的顺畅通行至关重要。清晰的指示减少了游客在群岛中的迷失可能，提高了游览效率，降低了因迷路或寻找方向造成的资源浪费。此外，通过设置合理且易于理解的指示，游客更易于遵循景区的规定，减少对环境的无意破坏。

开辟海上旅游交通专线，是舟山群岛针对海岛特色旅游的创新尝试。这些专线采用新能源船舶，降低了碳排放，实现了清洁交通，同时提供了独特的海上游览体验。游客在欣赏海景的同时，也能直观感受到对环境友好的交通方式，这种体验无疑会提升他们对生态保护的认识与支持。

舟山群岛还积极探索新的旅游交通模式，比如空中观光、水上摩托等，这些新颖的交通方式不仅增添了旅游的趣味性，也使得游客在体验过程中能更好地融入自然，亲近海洋。通过这些多元化的交通手段，舟山群岛为游客提供了全方位的海洋旅游体验，同时也确保了交通方式与生态保护的和谐共生。

三、公民生态文明意识与旅游目的地建设

公民生态文明意识的提升是舟山群岛旅游与生态环境协调发展中的重要因素，它不仅影响着个体行为，还塑造了整个社会的风貌。在政府的引导和教育下，舟山群岛的公民逐渐认识到保护生态环境与推动旅游经济的紧密联系，他们将尊重自然、保护环境的理念内化于心，外化于行，成为实现绿色旅游的积极推动者。

舟山群岛通过环保教育活动，普及生态知识，提高公民的环保素养。学校教育中融入了生态保护的内容，让新一代从小就树立环保观念；社区则通过举办讲座、工作坊等形式，让居民们了解生态旅游的意义，如何在日常生活中实践绿色行为。此外，政府还借助媒体的力量，宣传生态保护的法律法规，倡导绿色生活方式，通过这些普及活动，公民的生态文明意识得到显著提升。

公民参与是提高生态意识的有力手段。在群岛的各类旅游活动中，政府鼓励公民参与海洋清洁、植物修复等环保志愿活动，让公民亲手参与生态修复过程，感受大自然的脆弱与宝贵，从而更加珍视环境。此外，通过生态旅游的体验，如观察海洋生物、参与生态农业，公民得以直接感知生态系统的美丽与复杂，加深了对生态保护的认同感。

公民生态文明意识的提升还体现在日常生活习惯的改变上。游客们积极

响应低碳出行，选择公共交通和非机动交通方式，减少碳排放。在旅游消费中，他们更倾向于选择环保的旅游产品，如生态酒店、绿色餐饮，鼓励商家提供环保服务。同时，垃圾分类、减少一次性用品的使用等环保行为也逐渐成为公民的自觉行动，这些点滴改变汇聚成一股强大的环保力量，共同守护着群岛的生态环境。

在旅游目的地建设中，公民生态文明意识的提升还体现在游客对于旅游活动的自我约束和监督上。他们尊重当地风俗，不乱丢垃圾，不在非指定区域野营烧烤，避免对环境造成破坏。这种自律行为不仅维护了旅游环境的整洁，也为保护脆弱的海洋生态系统作出了贡献。

公民生态文明意识的提升，使得旅游与生态的协调发展变得更加深入人心。舟山群岛的实践证明，通过教育、参与和示范，公民能够成为生态旅游的守护者，他们的行为直接推动了旅游经济的绿色发展。这一经验为其他地区提供了借鉴，说明提升公民的生态意识是实现旅游与生态和谐共生的关键，也展现了在旅游业中融入生态文明教育的必要性和有效性。

四、旅游目的地的多元化发展

舟山群岛以其独特的海岛资源和文化底蕴，精心规划并打造了一系列引人入胜的旅游线路，以满足不同游客群体的个性化需求。以佛教文化为例，普陀山、朱家尖和嵊泗列岛的佛教文化之旅，吸引了众多国内外的信仰者和文化爱好者。普陀山，作为中国四大佛教名山之一，以其深厚的佛教文化底蕴和壮丽的海滨风光，为游客提供了一次涤荡心灵的朝圣之旅；朱家尖则以沙雕艺术节和观音文化节为特色，融合了艺术与信仰的体验；嵊泗列岛的佛教景观与海岛生活风情的结合，让游客在欣赏海天一色的同时，感受佛教与海洋的和谐共生。

此外，岱山县以渔家风情和海鲜美食为亮点，打造了别具特色的旅游体验。在这里，游客可以参观传统渔村，体验渔家生活，亲手参与捕鱼、烹饪海鲜等互动活动，品尝地道的海鲜大餐，感受海洋文化与民俗风情的交融。

这种深度体验式的旅游，不仅丰富了游客的行程，也提升了当地社区的经济，通过旅游经济反哺，进一步保护了渔业文化与海洋生态。

同时，舟山群岛还积极推动海岛文化创意旅游，挖掘和活化海洋文化和海岛特色。比如，设立创意产业园区，鼓励艺术家驻岛创作，举办艺术节和展览，使游客在欣赏艺术作品的同时，深入了解海岛的历史与文化。这种艺术与旅游的结合，赋予了海岛新的生命力，也增加了旅游目的地的文化内涵。

群岛中的森林公园、植物园和滨海景观廊道，构建了海岛绿色生态旅游的立体网络。游客在畅游绿色空间，享受大自然的同时，也对生态保护有了更直观的认识。这些绿色旅游项目，既丰富了旅游产品线，又强化了生态旅游的可持续发展，使得游客在亲近自然的过程中，也提升了对环境保护的意识。

交通基础设施的升级，如甬舟铁路的建设和海上旅游专线的开辟，不仅方便了游客的出行，也促进了旅游目的地的可达性。通过便捷的陆海交通网络，游客可以轻松探索群岛的各个角落，深度体验每一处的生态之美和文化魅力。

公民生态文明意识的提升，使得旅游目的地的建设更加注重人文与自然的和谐共存。在这样的社会氛围中，旅游目的地的规划和管理更加注重可持续性，无论是旅游产品设计、活动策划，还是游客的参与，都尽量减少对环境的影响，确保旅游发展不会以牺牲生态环境为代价。

舟山群岛在旅游目的地的多元化发展中，不仅充分展示了海岛的自然风光和文化底蕴，还通过旅游产品的创新、交通网络的优化和公民生态文明意识的提升，实现了旅游与生态的协调发展。这样的旅游目的地建设模式，不仅吸引了世界各地的游客，也为全球海岛地区的旅游发展提供了借鉴，成为旅游目的地建设的典范。

五、加速实现近海开发与陆域形成工程的结合

舟山群岛是一个岛屿众多的海岛，拥有丰富的海洋资源。在海洋资源开

发中，应合理规划、开发，做到开发与保护相结合，以实现海洋资源的可持续发展，海洋工程建设是实现这一目标的重要手段。近年来，舟山群岛加强了海洋工程建设，实现了近海开发与陆域形成工程的结合。

（一）围填海工程

《浙江舟山群岛新区发展规划》指出，科学论证和合理推进围填海工程是舟山群岛新区的重要发展方向之一，其中包括大小洋山、六横、金塘、岱山等围填海工程。这些围填海工程旨在通过人工促淤提高滩涂自然淤涨速率，保持海域资源保护与开发利用之间的平衡，并严格保护滩涂资源。

（二）深水航道工程

深水航道工程是指在深海、中水或较浅海域修建的，用于船舶进出、停泊和进行各种生产、生活活动的人工水道和航道。深水航道工程的主要目的是为大型船舶提供更大的港内安全航行通道，并为港口建设、能源开发、物资供应和生态保护等提供条件。

（三）陆域形成工程

陆域形成工程是指在近海开发过程中，通过填海造地或围海等人工手段形成的陆地区域，陆域形成工程一般包括围海造地和陆地建设两个方面。舟山群岛在发展过程中，通过陆域形成工程进行资源开发利用，实现近海开发与陆域形成相结合，提高了舟山群岛海洋资源开发利用效率，促进了舟山群岛经济社会的快速发展。

六、优化码头布局，减少对生态环境的影响

舟山市在推进海洋经济发展的同时，高度重视海洋生态环境保护，采取了一系列科学规划与管理措施，以确保海洋资源的可持续利用和生态环境的完整性。《浙江舟山群岛新区发展规划》明确提出，要严格控制高风险、高污

染项目，如新建油品码头等，通过优化现有油品码头的空间布局，确保安全防护距离，强化港区风险防范力度，从而降低对海洋环境的潜在威胁。

在港口建设方面，舟山市坚持集约用海原则，通过利用闲置海域进行码头改扩建，节约海域资源，提升经济效益，同时减少对环境的破坏。例如，在六横大岙码头改扩建工程中，顺应潮流流向的码头平面布置和高桩梁板式结构的应用，有效减少了对渔业资源和底栖生物的影响。

生态保护与修复措施也是舟山市海洋生态环境保护工作的重要组成部分。在施工期间，采取拦截环保装置建设、人工增殖放流、湿地生境再建等措施，以降低对海洋生态环境的影响。同时，加强施工机械的维修保养，防止油类渗漏，并妥善处理生活垃圾和建筑垃圾，确保施工活动的环境友好性。

科学规划与协调是舟山市海洋生态环境保护的另一关键措施。根据《浙江省海洋功能区划》和《浙江省近岸海域环境功能区划》，优化港区布局，取消部分未开发的岸线和作业区，避免占用自然保护区、风景名胜区、水产种质资源保护区等特殊和重要生态敏感区，以维持生态平衡。

生态红线保护是确保舟山市海洋生态环境长期稳定的重要策略。在《美丽舟山建设规划纲要（2021—2035 年）》中，强调统筹陆海空间开发和保护，建立基本单元生态保护红线台账，确保生态保护红线面积不减少、质量有增无减。

最后，综合评估与调整是实现海洋生态环境保护目标的重要手段。在宁波舟山港岱山港区鱼山作业区规划调整方案中，通过避开主要经济鱼类产卵繁殖期、实施增殖放流等生态补偿措施，最大限度减轻规划实施带来的海域生态影响。

（一）加快环保基础设施建设

舟山群岛的环保基础设施建设，包括污水处理、固体废弃物处置、垃圾处理等内容。舟山市在污水处理方面，主要通过建设污水处理厂、完善管网系统、加强污水再生利用等措施，加强污水处理，减少对水环境的污染。同时，还通过实施《舟山市环境基础设施建设规划（2023—2027年）》，制定《舟山市城镇生活垃圾分类实施方案》，加快推进生活垃圾分类工作。

在固体废弃物处置方面，舟山市主要通过建设危险废物处置中心、垃圾填埋场等措施来加强固体废弃物处置。截至2022年，全市已建成城镇生活污水处理设施18座，工业污水处理设施11座，农村生活污水治理设施508个。加快污水收集管网建设，并对老旧管网进行修复改造，以确保污水能够有效收集并输送至处理设施。此外，舟山市还推进了“污水零直排区”的建设，逐步构建数字化管理系统。

在污水再生水利用方面，舟山市优先选择用水量大且技术可行的途径，重点用于耗水量大的企业和城市景观用水。积极探索垃圾分类收运体系和终端处置体系，以提高生态文明建设水平，计划到2027年底实现城镇生活垃圾分类全覆盖，并进一步巩固减量化、资源化和无害化处置体系。

舟山市通过一系列措施，在污水处理和固体废弃物处置方面取得了显著成效。截至2022年，全市生活垃圾收集处理行政村覆盖率已达100%，资源化利用率和无害化处理率保持在100%。同时，舟山市还在推进美丽中国建设和提升生态环境质量方面取得积极进展。

舟山市在环保基础设施建设方面的努力不仅提升了当地的生态环境质量，也为未来的发展奠定了坚实的基础。

（二）加强污染防治与治理

为了加强对水环境的保护和改善，舟山市在水污染防治和治理方面主要通过以下几个方面来进行：一是开展排污口排查和整治工作；二是加快生活污水处理设施建设；三是开展工业企业污染防治工作；四是加大对畜禽养殖污染的整治力度。

七、加强舟山群岛船舶污染防治工作

舟山市主要通过开展工业企业污染防治工作、加强对工业企业的监督和管理、加强对固体废弃物的管理、开展建设项目环境影响评价等措施来加强对固体废弃物的处置。舟山市以“绿色”为理念，以“生态、环保”为主题，积极开展“碧海”行动，着力解决影响海洋环境的突出问题，重点整治了舟山渔场区域和主要入海河流周边海域环境污染，加快推进海上环卫、岸线整治、入海排污口整治等工作。

（一）实施“碧海”行动

舟山市围绕国家和省级环保督察反馈意见问题清单和年度重点任务清单，以东海海域污染防治工作为重点，深入实施“碧海”行动，持续加强港口码头污染防治、船舶污染防治和入海排污口整治工作。扎实开展陆源入海污染源排查，及时发现并处置非法排污口。

（二）加强入海排污口整治工作

舟山市建立和完善入海排污口整治制度体系和管理机制，开展了重点海域和入海河流周边海域环境监测及污染源排查工作，出台了《舟山市养殖水域滩涂规划（2018—2030）》，并按照相关规定开展养殖水域滩涂规划修编工作，开展了养殖用海项目清理工作，并对水产养殖场污染防治设施进行改造。

（三）推进海上环卫工作

舟山市建立了覆盖全域的海上环卫工作机制和队伍建设，率先在全国开展了海上环卫试点工作。建立和完善了海上垃圾收集转运处置体系；完成了全市港口码头的生活垃圾、生活污水处理设施建设；加强垃圾焚烧发电项目建设运行管理；推进船舶油污事故应急处置能力建设；完成了舟山市第一批海上环卫试点区域内的海洋污染事故应急处置能力建设和安全保障能力建设；组织开展了渔业船舶污染事故应急处置演练工作。

（四）推进入海排污口整治和修复工程项目建设

舟山市按照“以点带面、全面推进”的思路，加大了对重点区域、重点海域及主要入海河流周边海域环境整治和修复的力度；加强了对海洋生态系统的保护和修复力度；对全市近岸海域中存在的较严重污染问题进行了综合治理；并完成了全市渔业船舶污染事故应急处置能力建设项目和全市海洋生态环境监测系统项目建设等工作。构建“受纳水体－排污口－排污通道－排污单位”全过程监督管理体系，实现排污口排查整治、设置审批备案、日常监管等“一张图”管理。

舟山市生态环境保护工作按照“源头严防、过程严管、后果严惩”的原则，以制度体系为保障，以“一打三整治”为抓手，扎实推进海洋生态环境保护工作。一是以国家和省环保督察整改为契机，建立健全了海洋生态环境与保护责任体系，形成了党委领导、政府主导、部门联动、全社会参与的责任体系；二是以海洋环境污染防治和生态保护修复为重点，建立健全了海洋生态环境保护制度体系；三是以“一打三整治”为抓手，建立健全了海洋生态环境监管体系。

八、对舟山群岛生态环境保护划分责任体系

舟山市在推动海洋生态环境保护方面采取了一系列全面而细致的措施，以确保其丰富的海洋资源得到可持续的管理和发展。舟山市政府高度重视生态环境保护工作，将其提升至重要议程，并由市领导亲自牵头，成立了海洋特别保护区领导小组，确保了从顶层设计到执行层面的高效协调。通过与各县（区）签订目标责任书，建立了一套由党政领导亲自抓、分管领导具体抓、相关部门协同抓的工作机制，形成了全市上下联动、齐抓共管的良好局面。

舟山市还深入推进近岸海域污染防治和生态保护修复，持续开展海洋水生生物增殖放流活动，近三年累计放流大黄鱼、黑鲷、三疣梭子蟹、海蜇、曼氏无针乌贼等物种 44 余亿单位；引种两万多株红树林，刷新国内红树林人工引种最北界纪录（北纬 30 度线）。此外，舟山市还严格落实自然岸线占补平衡制度，着力推进海岛岸线整治修复工作，截至 2021 年底，全市完成海岸线整治修复 102.6 千米。

在海洋生态环境监测监管方面，舟山市建立了国家船舶污染应急设备设施，包括岱山国家溢油应急设备库、舟山海事局应急设备等以及地方应急设施，提高了海上总回收能力。同时，舟山市还加强了海洋生态环境保护制度建设，制定实施湿地资源保护、海洋牧场建设、海岛保护等规划，控制海洋开发强度，保护近岸与海洋生态环境。

此外，舟山市还印发了《舟山市建立海上环卫工作机制实施方案》，旨在统筹推进美丽海湾建设，强化湾滩垃圾治理，实现湾滩保洁工作科学化、精细化、规范化。通过这些措施，舟山市正努力实现海洋生态环境的持续改善和海洋资源的可持续利用。

第三节　舟山群岛旅游开发与保护的成效研究和实施

通过上述舟山群岛旅游生态环境保护措施的实施情况进行分析，揭示了现有措施的成效和存在的问题。研究发现，舟山群岛在旅游开发方面取得了一定成效，但同时也面临着生态环境破坏和资源浪费等问题。为了实现可持续发展，需要进一步调整和优化旅游开发策略，加强生态环境保护工作，确保旅游业与自然环境之间的和谐共生。

舟山群岛是我国独具特色的旅游胜地，拥有丰富的海岛资源、优美的海岸线和独特的海洋景观，吸引着大量游客前来观光旅游。随着旅游业的快速发展，舟山群岛旅游开发与生态环境保护之间的平衡问题日益凸显。在追求经济效益的同时，如何保护好当地的生态环境，成了亟须解决的重要课题。

一、旅游开发与生态环境保护的关系

在当今时代，旅游产业蓬勃发展，成为全球经济增长的重要引擎。然而，旅游开发与生态环境保护之间的关系犹如一把双刃剑，处理得当能实现双赢，

若处理不好则可能对环境造成不可挽回的损害。

旅游开发为生态环境保护提供了有力的经济支持。合理的旅游开发项目可以吸引大量游客，带来丰厚的旅游收入。这些收入可以部分投入到海岛生态环境保护中，例如建设和维护自然保护区、修复受损的生态系统、改善景区的基础设施、加强对当地野生动植物的保护措施等。通过开发旅游，人们开始意识到生态环境的价值，进而更有动力去保护它。这种基于经济利益驱动的保护模式，使得一些原本被忽视的生态环境区域得到重视和维护。

生态环境保护是旅游开发可持续发展的基础。优美、原始且独特的生态环境是海岛旅游吸引力的核心要素之一。游客们热衷于探索未受破坏的自然风光、观赏珍稀物种和体验原始的生态系统。如果在旅游开发过程中忽视了环境保护，过度开发导致水源污染、生物栖息地破坏等问题，那么旅游资源将会迅速退化。比如一些海滨旅游胜地，由于不合理的建设和污水排放，使得海水质量下降、沙滩受到侵蚀，曾经的美景不复存在，游客数量也随之锐减。从长远来看，只有保护好生态环境，旅游开发才能持续地为当地经济做出贡献。

在旅游开发过程中，需要平衡开发与保护的关系。一方面，要科学规划旅游项目，避免盲目开发。应充分考虑生态环境的承载能力，根据不同区域的生态特点确定开发的强度和类型；另一方面，要加强对游客的环保教育。游客作为旅游活动的主体，其行为对环境有着直接影响。通过在景区设置环保标识、开展环保宣传活动等方式，引导游客爱护环境，减少垃圾排放和破坏行为。

同时，政府和相关部门在其中扮演着关键角色。政府应制定严格的法律法规，规范旅游开发行为，对破坏生态环境的开发项目予以严厉打击，通过政策引导和资金支持，鼓励绿色旅游技术的应用，而相关的监管部门则要加强对旅游开发过程和景区运营的环境监管，定期对生态环境指标进行监测和评估。

旅游开发与生态环境保护相互依存、相互影响。只有将二者有机结合，在开发中保护，在保护中开发，才能实现旅游产业的可持续发展，让子孙后代也能领略大自然的神奇与美丽，让旅游成为人类与自然和谐共生的桥梁。

二、现有保护措施的成效分析

舟山群岛地处中国东部沿海，位于东海和黄海交界处，是中国第一大岛，拥有丰富的自然景观资源，舟山群岛以其独特的自然景观和文化景观而闻名。近年来，该地区积极实施旅游开发和保护措施，取得了一定的成效。

（一）强化管理措施。舟山市成立了旅游生态环境保护工作领导小组，建立了生态环境保护工作的长效机制，出台了一系列环保政策措施，加大了对环境保护的监督和管理力度。

（二）注重资源保护。在舟山市旅游开发的过程中，始终重视资源保护工作，并积极采取措施促进旅游发展。例如：加大生态环境保护监管力度；开展生态环境保护宣传活动；积极推进海岛旅游开发建设。

（三）加强区域合作。为了促进旅游开发与生态环境保护之间的协调发展，舟山市积极开展区域合作，并成立了旅游委员会，通过各种方式促进了地区间的旅游合作和交流。

（四）注重环境保护。舟山市严格遵守国家环境保护的法律法规，并制定了一系列环保政策和措施，加强了对旅游开发建设过程中产生的废水、废气和固体废弃物等方面的环境治理，有效促进了环境保护工作的开展。

（五）重视旅游宣传。为了提高游客对舟山群岛生态环境保护工作的认知程度，舟山市采取了多种形式的宣传行动，例如：组织志愿者进社区宣传环保知识；在旅游景区设立宣传牌和宣传栏，为游客提供生态环境保护方面的知识；在各大旅游网站发布生态环境保护信息。

（六）加大监管力度。为了促进舟山群岛生态环境保护工作的开展，舟山市建立了一套完善的环保监管体系，对相关旅游企业进行了严格的监管。例如：加强了对旅游企业排污情况的监管；制定了相关条例对游客进行生态环境保护方面的引导和教育；建立了旅游市场监管机制。

（七）重视人才培养。为了提高游客对舟山群岛生态环境保护工作的认知程度，舟山市积极开展人才培养工作，提高了旅游从业人员的专业素质和能力。例如：建立了相关培训机构，并积极开展生态环境保护方面的培训活动；设立了绿色旅游宣传中心。

（八）重视环境评价。为了促进舟山群岛生态环境保护工作开展，舟山市制定了一系列环保政策和措施，并开展了一系列环保评价活动。例如：实施《浙江舟山群岛新区发展规划》；对旅游资源进行开发和利用前进行环境影响评价；设立各类环保机构并开展环保宣传活动。

三、生态环境保护措施实施情况分析

在生态环境保护方面，舟山群岛地区已建立了完整的环境监测体系，并制定了较为全面的环境保护规划。同时，对于各类景区的开发与建设都严格遵守国家相关政策要求和标准。在对海岛和海岸资源进行开发时，积极开展生态环境保护工作，严格遵守《全国海洋功能区划》等相关规定，制定了严格的规划方案和计划。此外，在海洋工程建设和海钓活动中，也进行了严格的审批程序。舟山群岛地区在风景名胜区、森林公园和自然保护区等领域已建立了完整的管理体系。为了防止森林火灾的发生，当地政府和林业部门建立了相应的防火制度和预案。在自然保护区和风景名胜区内开展旅游活动时，还需要制定较为完善的环保方案。例如，在东极岛的旅游项目建设中，当地政府制定了严格的生物多样性保护方案，禁止向海中排放生活污水、生活垃圾等废弃物；禁止在保护区内设置娱乐设施；严禁在自然保护区内开展一切破坏生态环境的活动等。此外，当地政府还在东极岛海域开展渔业资源增殖放流活动，以此来促进渔业资源增殖与保护。并建立完整的监测体系和预警体系，通过完善海洋环境质量监测网络等方式来加强对海洋生态系统的监测和管理工作。

在资源保护方面，舟山群岛地区已建立起较为完整的海洋渔业资源保护体系。当地政府和渔业部门严格遵守《舟山市国家级海洋特别保护区管理条例》《舟山市国家级海洋特别保护区海钓管理办法》等相关法律法规，积极开展海洋渔业资源调查、渔业资源监测工作。积极组织渔民开展生态环境保护知识培训活动，引导渔民树立正确的渔业资源观和绿色发展理念。当地政府和相关部门根据《浙江省水污染防治条例》等相关法规规定，制定了相应的补偿政策与措施，积极开展“退渔还湿”等工作，促进海洋生态环境保护工作。其中包括海洋环境质量监测、大气环境监测、生物多样性保护和地质灾害防治等方面的监测体系。当地政府还通过建立健全监测体系等方式来进一步加强对生态系统的监测和管理工作。在污染防治方面，舟山群岛地区严格遵守《浙江省水污染防治条例》等相关规定，并制定了较为完善的水污染防治制度和管理体系。

在排污方面，当地政府建立了完善的污水排放管理制度，并通过强化工业污水处理力度，推进污水处理设施建设和运营的方式来有效减少污染物排放量。在大气环境方面，当地政府通过积极推广使用清洁能源、实施低硫煤推广项目等措施来减少机动车尾气排放量，通过加强对工业废气的监督与管理、促进清洁能源使用等方式来降低工业废气排放量。

在废弃物处理方面，舟山群岛地区制定了较为完善的废弃物处理方案和相应的环境保护措施和预案，并通过加大对垃圾分类工作的管理力度来减少对自然生活环境的破坏。

综上所述，海岛旅游开发与保护是一个十分复杂的问题，只有平衡二者之间的关系，才能实现旅游业可持续发展。舟山群岛旅游开发与保护的成效研究和实施过程中，生态环境保护是影响其发展的重要因素，在后续的舟山群岛旅游业开发过程中，需要充分考虑这一因素，以实现经济效益和社会效益之间的协调。

根据对舟山群岛旅游开发过程的探讨，总结几点针对相似的海岛旅游开发的建议：第一，要对生态环境进行充分调研，根据实际情况制定切实可行的发展策略，制定符合当地实际情况的旅游规划和方案。在具体实施过程中，要加强对当地生态环境的保护工作，加强对旅游项目的审批和管理工作。第二，要加强生态环境保护工作，构建生态环境保护管理体系。要制定科学合理的旅游管理制度和政策措施，明确当地政府、相关部门、旅游企业、游客等各方责任和义务，建立完善的监督机制和评价体系，强化监督作用。第三，要重视绿色旅游产品开发。加强对绿色旅游产品的开发和设计工作，引入生态农业、绿色环保技术等先进理念和技术手段；加强对海岛生态环境保护和修复工作的重视。第四，要加强对旅游项目的监管。在具体实施过程中，需要明确相关部门的管理职责和分工，构建科学合理的监管体系；做好信息公开工作，及时向游客披露当地环境状况、污染情况等相关信息；建立健全监督管理制度和处罚机制，加大对违规行为的查处力度；同时还要强化对生态环境保护宣传工作的重视程度，积极倡导绿色旅游文化。

第四节　舟山群岛旅游资源的合理利用和保护措施

本节根据舟山群岛海洋资源开发利用现状，对舟山群岛海洋资源合理利用和保护平衡提出一系列可行措施。同时对舟山群岛海洋资源合理利用和保护平衡的战略进行探讨。

随着我国经济的快速发展，海洋开发和利用程度日益提高，对海岛的开发力度也不断加大。为保障海岛资源的可持续发展，需要从以下几个方面采取措施：

一、优化资源配置

优化海洋资源配置的核心是运用市场经济手段，实现海洋资源的合理开发和高效利用。要根据舟山群岛的自然条件、资源状况和经济发展特点，以市场经济为导向，以海洋资源利用和产业结构调整为主线，合理配置海洋资源，调整优化产业结构。

（一）提高综合开发水平

海洋资源的综合开发是指在一定时期内，对海洋资源进行整体规划、统一开发和综合利用，实现海洋资源的有效配置与合理利用。对于舟山群岛的综合开发来说，主要包括三个方面的内容：一是进行海岛的综合开发，如将海洋自然资源、海岛旅游资源和生态环境作为一个有机整体进行开发。二是对海洋资源进行立体综合开发，如在渔业上，充分利用海岛的生物多样性特点和海水温差、盐度等气候条件，大力发展海水生态养殖；在旅游业上，充分利用海岛的地理位置和岛屿风貌特色，发展滨海休闲度假旅游；在工业上，充分利用海岛丰富的矿产资源和优良的港口条件，大力发展临港工业。三是进行陆域开发，即根据海岛实际情况和经济发展需要，充分利用海岛的地理位置、海岛自身优势以及海岛与大陆之间存在的通道等因素进行科学合理的规划与布局，如在岛屿中心建设新城等。

（二）加强海洋资源管理

加强海洋资源管理是保护和合理开发利用海洋资源的重要环节，是海洋资源可持续发展的重要保障。第一，要健全海洋资源管理机构。充分发挥各级海洋行政主管部门的作用，建立健全海洋资源管理机构，加强对海洋资源的统一管理；第二，要严格执行相关法律法规。建立和完善相关法律法规，依法行政，强化海洋资源保护工作；第三，要建立健全海洋生态补偿机制。根据不同类型海域的不同特点，实行差别化的补偿标准，形成较为完善的生态补偿体系，以保护生态环境。

加强对海岛的保护是实施海岛综合管理的重要内容。要建立科学有效的海岛管理机制，落实海岛开发利用管理责任制，依法加强对海岛及其周围海域的保护与利用，健全完善舟山群岛海域使用申报制度、用海审批制度、海域使用论证制度和海域有偿使用制度等，严格控制围填海等破坏海岛及其周围海域生态环境的行为。同时，要制定舟山群岛海洋生态红线制度和海岛开发利用准入条件，严格控制对生态环境造成破坏的开发项目，把生态红线和准入条件作为海岛开发利用项目审批和实施管理的重要依据。

（三）完善海洋资源法规

海洋资源保护需要政府的宏观调控和依法行政。要制定海洋环境保护规划，建立海洋环境监测网络，开展海洋环境状况监测与评估，对海岛开发利用进行宏观调控，实施海洋环境监督管理。加大对海洋环境污染的治理力度，要在沿海地区建立工业废物处理基地，将工业废弃物进行无害化处理并综合利用，将废钢铁、废塑料等作为可再生资源加以利用。对严重污染海洋环境的企业，要坚决关闭。建立完善的海洋资源保护法规体系，建立完善的海域使用管理、海岛保护和海域使用审批制度。从海域使用管理、海岛保护和海域使用审批等方面进行严格管理，确保海洋资源得到有效利用，促进海岛经济健康有序发展。积极开展海岛资源调查与评估工作，对海岛进行全面系统的调查与评估，及时掌握海岛资源变化情况和开发利用动态，为合理开发和有效利用海岛资源提供科学依据。

二、完善管理体制

（一）加强海洋环境保护立法工作

为了进一步加强海岛生态的保护，我国已经制定并实施了《中华人民共和国海岛保护法》，该法律旨在规范海岛的保护、开发和建设活动，确保海岛及其周边海域的生态环境得到有效保护。在此基础上，我们将继续深化相关法律法规的实施，确保舟山群岛资源的合理利用和生态环境的可持续发展。

（二）加大海洋环境保护宣传力度

大力开展海洋环境保护宣传工作，增强全民海洋环境保护意识。要进一步加强海洋环境保护知识宣传力度，利用各种手段和渠道，提高公众对海洋环境保护的认识，营造全社会关注、支持、参与海洋环境保护工作的良好氛围。

要充分利用各种媒体，全方位宣传海洋环境保护。要充分发挥广播、电视、报纸等媒体的作用，制作宣传节目和开展专题讲座等活动，对海洋环境保护法律法规进行广泛宣传。通过媒体宣传，使公众了解和掌握有关海洋环境保护方面的知识，提高公众对海洋环境保护的认识。同时也要借助微信、微博等新兴媒体平台，使更多的人了解海洋环境保护的重要性。

加大执法力度，提高广大人民群众参与海洋环境保护的积极性。要加强对各部门、各单位在海洋环境保护中职责落实情况的监督检查，加大对违法行为的查处力度和处罚力度。

通过以上措施，增强广大人民群众的环保意识，从根本上推动舟山群岛资源合理利用和保护平衡工作。

（三）完善海洋环境保护公众参与机制

海洋环境保护与治理的公众参与，是指公民、社会组织、企业等在法律允许范围内，对海洋环境污染事件进行的调查、收集资料和信息，并向有关部门反映意见，向海洋环境管理部门提出建议的行为。海洋环境保护与治理的公众参与具有以下特点：首先，它是一种非强制性的行为，是一种促进性行为；其次，它具有法律上的依据，即公民、社会组织、企业等有组织地参与到海洋环境保护和治理中；再次，它是一种非专门性的行为，即公民、社会组织等以多种方式参与到海洋环境保护和治理中去。

目前，舟山群岛地区海洋环境保护与治理的公众参与机制尚不健全，还存在着一些问题。因此，要在以下几个方面进一步加强海洋环境保护与治理的公众参与：第一，建立健全海洋环境保护与治理的公众参与机制。政府应采取积极措施鼓励社会各界参与海洋环境保护和治理，使其充分发挥作用；第二，加强法律法规建设。通过制定相关法律法规对公众参与海洋环境保护与治理予以保障；第三，加强宣传教育。要在全社会营造出一种全民参与海洋环境保护和治理的氛围；第四，加强信息公开。要在全社会建立起公开、透明、畅通的信息反馈渠道；第五，扩大公众参与领域。

三、完善基础建设

舟山群岛新区将重点发展以舟山港为中心的现代物流、现代航运、临港工业、海洋旅游业。加快推进港口建设，重点推进舟山国际邮轮码头工程、梅山港区二期工程等一批重点项目建设，完善集疏运体系，进一步提升港口竞争力。积极发展临港产业，重点推进海洋工程装备制造、船舶修造、水产品加工、船舶制造、船舶修造等项目建设，加快建设舟山渔场海洋牧场。推动海岛基础设施建设，重点实施舟山市新型基础设施建设三年行动计划，加快推进国际旅游岛基础设施配套工程建设，提升海岛交通运输能力。

舟山群岛新区交通运输发展的重点是通过大抓交通、抓大交通，重点推进铁路、公路、码头、机场、管道等五大领域、二十个重大交通基础设施项目建设，实现对外交通快速化、城际交通多样化、市内交通便捷化、多维衔接无缝化、综合枢纽一体化。“两强两特五提升”工程的实施将推动舟山群岛新区加快发展成为我国东南沿海重要的港口城市，形成现代化综合立体交通网。加快推进交通运输领域重大工程项目建设，全面推进舟山港集疏运系统基础设施建设，提升港口集疏运能力。加快推进国际旅游岛基础设施配套工程等重点项目建设。在港口规划布局上，充分发挥舟山港资源优势和区位优势，积极融入长江经济带发展和长三角一体化发展，通过发展国际航运服务中心、航运交易中心和航运物流中心等，提升舟山港口服务能力。积极发展集装箱运输、大宗散货运输、邮轮旅游等海洋运输方式。加强陆岛交通衔接，实现客运到港即走即停、客货分离等快捷出行模式。大力发展公路客运和水路客运，积极构建综合交通枢纽。

（一）统筹规划，科学布局

统筹规划，以规划为引领，以创新为动力，以改革为保障，着力提高规划的科学性和前瞻性。一是强化顶层设计。明确舟山市未来五年的发展目标和主要任务，作为舟山群岛新区经济社会发展的纲领性文件。二是强化规划引领。明确发展目标、思路、原则和重点任务。三是强化统筹协调。从国家层面加强与上海、江苏等省市的合作对接，争取国家政策支持；从省级层面加强对相关专项规划的衔接和指导，形成整体合力；从市、县层面加强对相关专项规划的协同实施，保障规划目标任务的实现。四是创新工作机制，发挥政策合力和市场活力，严格按计划推进重点工程项目建设。坚持定期督查、半年督查和专项督查相结合，现场督查与书面督查相结合的方式，建立完善规划执行的工作机制和考核体系。五是强化法治保障。积极配合国家有关部门完善相关法规制度，探索建立以行政法规为主体、地方性法规和政府规章为补充的海洋经济和交通运输发展法治保障体系。六是强化科技支撑。加大科技投入力度，积极推进海洋科技创新平台建设；发挥海洋产业技术研究院、科技创新中心等科研机构和高校的作用，提升科研院所的创新能力；加强与国内外知名高校、科研机构合作交流，着力提升舟山市在海洋领域的科技创新能力和国际影响力。

（二）产业带动，优势集聚

舟山群岛新区将大力发展临港工业、现代物流、临港服务业以及海洋旅游业等，着力构建以舟山港为核心的现代产业体系，为加快建设具有国际影响力的现代海洋产业基地提供有力支撑。舟山群岛新区临港工业主要有船舶修造、石油化工、油品储运及炼化一体化、新能源新材料及装备制造、绿色石化、船舶海工及海洋工程装备制造等。舟山群岛新区将积极发展船舶修造产业，加快提升普通船舶制造业的能力，加快提升“智造”能力，提升船舶设计和研发能力。舟山群岛新区将大力发展石油化工产业，强化产业集群发展深度，进一步落实“减油增化”战略部署，打造世界一流石化新材料基地，推动我国石化产业高质量发展，提升绿色低碳发展水平，增强科技创新发展驱动力，深化开放合作发展程度，发挥新材料基地转型引领作用，打造新时代石化产业高质量发展的标杆。舟山群岛新区将大力发展油品储运及炼化一体化产业，重点发展以 LNG/LPG 为原料的大型化工品储运及贸易。舟山群岛新区还将大力发展船舶海工及海洋工程装备制造产业，重点发展海洋石油钻井平台和海洋工程船舶。舟山群岛新区将积极发展绿色石化产业，重点建设一批大型炼化一体化项目，形成千万吨级的原油 / 成品油码头和大型炼化一体化项目，重点建设一批百万吨级大型石化项目和一批以液化天然气为原料的大型炼油项目。

在现代物流方面，舟山群岛新区将大力发展港口物流、油气物流、国际航运、多式联运、海铁联运、城市配送等现代物流服务体系；在新能源新材料及装备制造方面，舟山群岛新区将大力发展海上风电、太阳能发电、智能电网等新能源产业；在海洋旅游业方面，浙江舟山群岛新区将大力发展海洋旅游，重点建设国际旅游岛和海岛旅游设施；在金融服务业方面，浙江舟山群岛新区将大力发展金融服务体系。

（三）绿色发展，生态宜居

舟山群岛新区将着力构建绿色发展模式，深入实施海洋环境保护与修复工程，加强生态保护与修复，加快推进“美丽海湾”建设。打造“美丽海湾”建设，浙江舟山群岛新区的具体举措包括：

全面实施海岛生态保护与修复工程。深入实施海洋环境保护与修复工程；持续推进海洋生态文明示范建设，加强海洋生态文明宣传教育，加强海洋环境监测与执法能力建设；开展海洋生态系统评估工作，建立浙江舟山群岛新区的生态环境监测系统和信息网络系统。

舟山群岛新区将进一步加大渔业资源的保护力度，在渔业资源保护区的管理、渔业资源增殖放流等方面进行积极探索和创新。对保护区内现有水产养殖和捕捞生产的布局进行调整，划定渔业水域养殖红线，强化水产养殖污染物排放总量控制。将现有禁渔区和禁渔期进行科学调整并及时向社会公布，鼓励在保护区内建立人工鱼礁与海洋牧场相结合的新型渔业生产模式，对保护区内已有的水产养殖和捕捞生产进行调整，进一步完善保护区内现有水产养殖和捕捞生产的布局。

舟山群岛新区将进一步加强海岛生态环境保护与修复工作。积极开展海岛生态环境质量监测与评价工作，建立健全海岛生态环境监测体系；加强海洋环境监测能力建设；实施海洋生态系统保护与修复工程，加强对海塘、海堤、码头等岸线及周边区域的保护，增强海岛自然岸线保护能力。

四、加强环境保护

（一）健全海岛保护机制

建立健全海岛保护机制，完善海岛保护规划，加强海岛保护的规划管理和协调配合，实现海岛开发利用与保护的良性互动。健全海岛保护的规划管理制度，修编《浙江舟山群岛新区发展规划》，作为舟山群岛开发和保护的实施依据，同时也为相关规划的实施提供参考；制定和修订相关的规章、政策和制度等，为依法保护海岛提供保障；建立海洋行政主管部门和各相关部门间的协调配合机制，明确管理权限、职责分工及工作程序；制定有关政策措施，强化执法力度；建立和完善领导责任制、行政首长负责制、目标责任制等制度，加大执法力度。

（二）走可持续发展道路

1. 实施科技兴海战略

进一步加强海洋科学技术的研究，提高海洋科技含量，尽快把舟山建设成全国海洋科技创新基地，为舟山经济的发展提供强有力的技术支持和保障。加大海洋基础设施建设力度，逐步建立和完善交通运输、港口设施、海岸工程和海岛环境保护等工程设施，为发展海洋经济创造良好条件。

2. 大力发展海洋工业

大力发展渔业加工业、船舶修造业，努力提高海岛产品的国际竞争力；大力发展海洋石油化工业，形成以石油化工为龙头，以精细化工为主体的产业结构体系。

3. 加快发展现代服务业

积极发展旅游业、现代港口物流业等重点产业和项目，努力扩大海水淡化和综合利用的生产规模。充分利用舟山海域资源丰富的特点，大力发展海上运动、观光旅游、休闲度假等相关产业，建设具有国际竞争力的旅游海岛。加强舟山群岛建设总体规划和开发利用方案的编制工作，制定相应的法规和政策来促进海岛地区可持续发展。

五、重视人才培养

舟山群岛是一座以海洋经济为主体的综合性城市，拥有丰富的海洋资源。海洋经济对舟山群岛发展具有重要意义，而海洋资源的合理利用和保护是实现舟山群岛可持续发展的保障。为此，必须重视人才培养，提高人才的数量和质量。人才培养方面，重点是建立和完善海洋科技创新体系，增加科技投入，鼓励高校、科研院所与企业合作培养高层次的技术人才。政府应提供政策支持，鼓励培养高素质的海洋科技人才，积极引进高层次人才。企业应努力创造良好的工作环境和发展条件，吸引高层次技术人才和经营管理人员。在建立有效的激励机制方面，可以尝试对不同岗位设置不同等级的薪酬制度，并加大绩效考核力度。对于从事科技研究工作的人员给予适当奖励，使其得到一定程度的认可和尊重。同时可以通过设立专项资金、提供优惠政策等方式吸引大批专业技术人员到舟山群岛从事海洋经济相关工作。加强对海岛地区居民进行科学文化知识教育、推广可持续发展理念的环境意识、培养良好的环保行为和习惯。

六、利用海岛资源优势，提高海岛产业效益

舟山群岛具有丰富的产业资源，包括海洋渔业、旅游业、文化产业、工业等，这些产业均能在舟山群岛上得到发展。为提高舟山群岛海岛产业的质量和效益，促进海岛经济高质量发展，应结合舟山群岛海岛资源特点，优化产业结构，加快建设美丽幸福海岛。

（一）优化产业结构，促进传统渔业向现代渔业的转变

加快渔业转型升级，推进水产品精深加工和绿色养殖，提高产品附加值；利用当地地理条件、环境优势和人才资源，建立水产品交易市场和水产品深加工基地；发展休闲渔业等新型渔业经济模式，提高海岛居民的经济收入；探索与旅游业相结合的可持续发展模式。

（二）加快旅游转型升级，打造舟山群岛旅游特色品牌

目前，舟山群岛的旅游业以“海洋文化、海岛风光、休闲度假”为核心竞争力，大力推进全域旅游。充分利用舟山群岛丰富的海洋资源和生态环境优势，大力发展休闲旅游产业，加强与其他地区合作，建立旅游合作交流机制；对舟山群岛的旅游产品进行包装和宣传策划，打造舟山群岛旅游品牌；根据当地特色打造符合当地文化内涵的旅游产品；促进休闲旅游与农业、渔业等产业相结合。

（三）推进海洋工业转型升级，提高新兴产业的竞争力

充分利用舟山群岛丰富的资源优势和人才优势，加快海洋工业转型升级；鼓励企业进行技术创新、管理创新、商业模式创新和产品创新；积极推进海洋工程装备制造、海洋生物医药、海洋电子信息、海洋新能源等新兴产业发展；加快建设舟山群岛港口群，打造现代临港工业基地。

（四）严格执行相关法律法规，合理利用舟山群岛土地

舟山群岛的海岛上的土地资源是非常宝贵的，海岛土地利用方式包括土地开发利用、农用地、建设用地和未利用地，不同的海岛土地类型面临不同的管理要求。在合理利用海岛土地资源方面，舟山群岛应严格执行《中华人民共和国土地管理法》《中华人民共和国渔业法》等相关法律法规，合理利用海岛土地资源，保护耕地、林地、草地等基本农田；严格执行《中华人民共和国城乡规划法》中“一书两证”制度，对未取得“一书两证”的建设用地一律不得批准建设；严禁在海岛上进行掠夺式经营开发；严禁在海岛上乱占耕地、乱挖矿、乱采砂和进行其他破坏生态环境的行为。同时，对不同类型的海岛土地，应采取不同的管理措施，对于农用地和建设用地，应采取严格管控措施，严控非农建设占用农用地；对于未利用地，应采取严格管控措施，保护生态环境。

（五）严格控制海岛土地开发，加强海岛生态环境保护

舟山群岛海岛资源丰富，但土地资源开发和利用程度过高，导致海岛生态环境恶化。应严格控制海岛土地开发，加强对海岛生态环境的保护；结合当地特色，打造符合当地文化内涵和特色的旅游产品。此外，舟山群岛有大量的海域和滩涂，但由于海域和滩涂对渔业生产有很大的影响，在渔业生产时应加强对海域和滩涂的保护，在实施海洋资源开发利用时，应合理安排海域和滩涂的利用方式。同时，应加强对海域和滩涂资源开发利用过程中污染防治、废弃物处理以及生态保护工作的管理，建立健全海岛生态环境长效保护机制。

（六）严格控制舟山群岛人口密度，减少海岛资源消耗

舟山群岛的人口密度较高，人口增长过快，对生态环境、自然资源和社会经济发展带来较大压力。因此，在舟山群岛海岛资源的利用和保护方面应采取严格控制人口密度，减少海岛资源消耗的措施。

优化人口结构，降低人口增长速度。加强对舟山群岛人口数量和分布的宏观调控；严格控制舟山群岛的城镇人口规模和人均住房面积；开展城镇居民调查，掌握常住居民的数量和分布情况。建立完善的人口流动机制，引导外来人口有序转移到当地城镇居住；根据当地发展需要制定相应政策，鼓励和支持外来人员到舟山群岛居住和创业。

加强资源开发管理，提高资源利用效率。在舟山群岛加强海岛资源的保护和开发，积极促进海岛经济社会发展；在保障生态安全、环境质量的前提下，合理开发利用海岛资源；提高资源利用效率，对土地、矿产等自然资源进行综合利用，减少浪费。加强海岛生态系统保护，保护海岛环境；根据舟山群岛产业发展规划和生态环境保护要求，制定相应的产业政策，引导企业在舟山群岛的海岛上发展相关产业。

七、保护海岛生态环境，增强海岛的吸引力

舟山群岛有着丰富的海岛资源，但由于受海洋环境和人为因素等的影响，海岛整体生态环境比较脆弱。一方面，在海洋生态系统中，人类活动对海洋生态系统的影响是复杂多样的，海洋生态系统自身也存在着较大的脆弱性；另一方面，在海岛开发过程中，过度利用海岛资源导致了海岛生态环境恶化、生物多样性丧失等问题。因此，在充分利用海岛资源的同时，还需要通过保护海岛自然景观和生态环境来增强海岛的吸引力。

在舟山群岛的海岛建设中，需要坚持绿色发展理念，促进生态环境保护与经济社会发展协调统一。一方面，要加强对海岛自然资源和生态环境的保护和修复，建立健全海洋生态补偿机制，落实海洋生态保护红线制度。在进行产业布局时，要避免对资源过度开发和利用；另一方面，要加强对海岛区域内主要景观节点以及历史人文景观等资源的保护与修复。例如，舟山群岛的普陀山作为国家5A级旅游景区和国家级风景名胜区，有“海上仙山”之称，一度吸引了大量游客前来观光，近年来，普陀山景区内森林覆盖率下降、植被破坏严重、基础设施陈旧等问题导致景区整体吸引力下降。因此在对普陀

山进行开发时要注重其生态环境保护，可以通过修建防护林、森林公园等措施来增强舟山群岛岛屿的自然景观和生态环境吸引力。

八、合理配置海岛资源，推进产业融合发展

舟山群岛自然资源丰富，海岛众多，这些海岛的经济发展对当地经济增长起到了重要作用。在共同富裕背景下，舟山群岛应该深入挖掘海洋资源，进一步促进海洋产业融合发展，促进海洋资源和生态环境保护的协同发展。舟山群岛海洋产业融合发展主要指不同产业之间相互交叉渗透、融合的过程，其特点是多种产业之间相互渗透和交叉，促进了经济与环境的协调发展，提高了资源的利用效率。目前，舟山群岛处于产业转型升级阶段，传统工业占比较大，新旧动能转换任务艰巨。只有通过以海岛为基础推进海洋产业融合发展，才能在最大程度上发挥海岛的优势，推动经济高质量发展。舟山群岛可以通过以下几种方式实现海洋产业融合发展。

（一）充分发挥海洋资源优势，推动产业融合发展

海洋资源是舟山群岛发展的重要优势，只有充分利用海洋资源优势，才能更好地推动舟山群岛产业融合发展。舟山群岛可以依托丰富的海洋资源，大力发展海洋特色产业，形成具有较强国际竞争力的现代产业集群。可以在海岛上利用地理优势，充分挖掘海岛旅游、海洋文化等优势资源，形成集休闲度假、观光旅游、购物娱乐于一体的海岛旅游品牌。例如舟山可以大力发展具有地方特色的海洋文化创意产业，通过产业融合发展推动当地经济增长，以文化创意产业为基础，通过文化创意引领产业升级，建设高水平的“海洋文化创意产业园”，形成以文化创意为核心的文化创意产业链和以文化创意为基础的产业集群。

（二）合理配置海洋资源，推动特色产业规模发展

舟山群岛是我国海洋资源丰富的地区之一，其中主要包括海洋生物、矿

产资源、油气资源和旅游资源等。这些自然资源为当地的海洋产业融合发展提供了充足的原料和广阔的市场。因此，舟山群岛应该深入挖掘这些海洋资源，积极开发特色产业。比如，在海洋生物领域，可以充分利用舟山群岛的海洋生物种类众多的特点，积极引进先进的技术和设备，将海洋生物加工成产品，从而提高海洋生物产业的附加值；在矿产资源领域，可以充分利用舟山群岛丰富的矿产资源优势，积极引进先进的技术和设备，不断扩大现有矿山规模；在油气资源领域，可以积极发展海洋油气产业，并以此为基础大力发展海洋石油工程和海洋工程装备制造业。

（三）大力发展海岛旅游，推动海洋文旅融合发展

旅游业是我国海洋产业的重要组成部分，在海洋经济发展中具有重要地位。随着舟山群岛旅游资源的开发和完善，海岛旅游产业已经成为当地的重要支柱产业，促进了当地经济发展。舟山群岛拥有丰富的海洋资源，很多海岛可以开发为旅游目的地。通过开发海岛旅游，可以提高海岛居民的收入，促进海洋文化和旅游的融合。在推进海洋产业融合发展的过程中，舟山群岛应结合自身特点和优势，充分利用舟山群岛的海洋文化和海岛优势，积极促进海洋产业融合发展。舟山群岛可以充分挖掘海岛独特的历史文化、民俗风情、休闲度假等优势，通过建设特色文化旅游区等方式，推动海岛旅游产业发展，促进当地居民增收致富。

九、推动发展海洋服务，带动区域经济发展

舟山群岛新区建设是构建浙江海洋经济发展示范区的重要组成部分。新区建设应充分发挥其对全省海洋经济发展的引领带动作用，促进舟山群岛地区经济与全国经济协调发展。新区建设应从以下几方面入手：一是科学规划新区，明确发展定位；二是整合优化空间布局，促进区域协调发展；三是加快推进交通基础设施建设，增强新区的辐射带动作用；四是大力推进体制机制创新，提升服务能力；五是深入推进绿色发展，打造环境优美的生态型滨

海城市。总之，舟山群岛新区建设要加快区域产业转型升级，提高资源利用效率和利用水平，构建具有舟山特色的现代产业体系，打造成为绿色、智慧、包容的现代化海洋城市。

舟山群岛是我国的海洋经济发展示范区，也是我国第一个生态文明示范区。舟山群岛的资源优势非常明显，但在当前的发展阶段，舟山群岛需要对其资源进行全面分析和合理利用。目前舟山群岛资源利用过程中存在海岛资源开发不充分，缺少龙头企业；海岛生态环境遭到破坏，生态系统服务功能减弱；海岛旅游发展不成熟，旅游收入占比较低等问题。为了实现舟山群岛经济高质量发展，需要将资源优势转化为经济优势，推动海岛旅游业和海洋产业融合发展，同时要将海岛自然资源保护与生态环境改善相结合，提高海岛资源的利用率。

建设海洋经济发展示范区，可以有效推动舟山群岛产业转型升级，加快区域经济发展，实现共同富裕。一是充分利用舟山群岛的海岛资源，推进海洋产业融合发展；二是加强对海洋渔业资源的保护和利用，大力发展现代渔业；三是建立海洋生态补偿机制，有效解决渔业资源衰退问题；四是加强区域合作，推动海洋经济一体化发展；五是加快推进海洋产业转型升级，建立海洋产业与传统产业协同发展的机制和模式。

第四章　共同富裕背景下舟山群岛旅游与生态环境协调发展的创新举措

随着人们对环境保护和生态平衡的重视，舟山群岛作为中国东海沿岸著名的海岛群，积极探索创新举措，推动海岛旅游与生态环境协调发展。本章介绍了舟山群岛在保护自然生态环境、推动可持续发展以及与周边地区合作方面的创新实践。舟山群岛通过限制建设规模和游客数量，建立保护区和制定环境保护法规等措施，减少人类活动对岛屿生态系统的影响。同时，舟山群岛发展了生态旅游、农家乐和渔家乐等项目，实现了旅游业的可持续发展，促进了当地农渔民的增收。此外，舟山群岛还通过与周边城市的合作，共享资源和经验，解决旅游业发展中的问题。舟山群岛的创新举措为其他地区在海岛旅游与生态环境协调发展方面提供了借鉴和启示。

第一节　舟山群岛发展可持续的生态旅游项目

舟山群岛作为中国第一大群岛，拥有独特的海岛资源，在共同富裕背景下，对舟山群岛的海岛旅游与生态环境协调发展方面进行研究具有重要意义。通过文献分析法、实地调研法、访谈法和问卷调查法等方法，对舟山群岛生态旅游资源进行深入分析，发现其具有丰富的自然资源、多样的文化资源和良好的基础设施建设。在此基础上，提出以生态保护为前提，以生态旅游为发展模式的舟山群岛可持续发展生态旅游项目，以期对促进舟山群岛共同富裕和推动海岛旅游业健康发展有一定指导意义。

在舟山群岛的生态旅游项目中，除了具有可持续发展的生态旅游项目外，还需要将其与当地文化传统结合起来，让其具有文化和旅游价值。生态旅游项目可以向游客展示自然风光、当地民俗文化、地方美食以及渔业捕捞等内容，这些内容可以让游客更好地了解舟山群岛，增强游客对当地的归属感。因此，在开发生态旅游项目时，应重视当地的民俗文化和历史，这样才能让游客更好地了解舟山群岛的自然风光，感受到当地的人文气息。同时，还要注意生态旅游项目的开发要符合国家政策法规，确保舟山群岛生态旅游项目开发的可持续性和对生态环境保护，同时也能让游客感受到舟山群岛独特的魅力。

舟山群岛位于我国东南沿海，作为中国第一大群岛，拥有多个岛屿，每个岛屿都有其独特的生态旅游资源和文化。如普陀山、朱家尖、嵊泗列岛等，这些海岛不仅拥有优美的自然风光和丰富的旅游资源，而且还拥有良好的基础设施建设和丰富的文化内涵。生态旅游是指在保护好自然生态的前提下，开发具有特定主题的旅游项目，从而获得旅游收入和社会效益。基于此，在生态旅游背景下提出舟山群岛可持续发展生态旅游项目具有重要意义。

一、可持续发展的海岛生态旅游项目的建设

实现舟山群岛生态旅游项目的可持续发展需要从多个角度综合施策：首先，要依托已有的法律法规体系，如《中华人民共和国海洋环境保护法》《中华人民共和国大气污染防治法》以及《中华人民共和国水污染防治法》等，确保这些法律得到有效执行和监管，以保障舟山群岛的生态环境得到妥善保护。其次，完善生态旅游服务功能是关键一环，包括提升旅游基础设施，确保其能够满足游客的需求，同时加强对游客的环保教育和宣传，提高他们的环保意识。最后，深化生态旅游项目的文化内涵，通过丰富旅游项目的文化元素，增强游客的体验感和满意度，这对于提升舟山群岛生态旅游的吸引力和竞争力至关重要，同时也能带来更多的经济效益。通过这些措施的实施，可以有

效地推动舟山群岛生态旅游的可持续发展。

舟山群岛在实现共同富裕背景下发展生态旅游项目不仅需要遵循法律法规和完善相关服务功能，还要提升其文化内涵，从多方面入手，全面发展才能更好地推动舟山群岛经济发展。

近年来，我国政府对旅游业的发展予以高度重视，并在政策上给予大力支持。随着旅游业的蓬勃发展，我国各地旅游业也呈现出了快速增长的趋势。为了有效推动舟山群岛生态旅游项目的可持续发展，可以对现有的生态旅游项目进行优化和创新，以满足游客多元化的需求。其中，生态旅游项目主要包括海洋文化体验、海岛运动体验、滨海度假体验和海岛生活体验等方面。海洋文化体验是指通过参观渔具展览、渔民生活方式展示和海上捕鱼活动等方式来感受舟山群岛渔业文化；海岛运动体验主要是指在沙滩上开展各类户外运动，如沙滩排球、沙滩足球、沙滩摩托、海上摩托艇等；海岛生活体验是指通过实地参观舟山群岛的渔村和体验渔民生活等方式来感受舟山群岛的独特魅力。此外，还可以增加一些具有趣味性和娱乐性的生态旅游项目，如海洋文化产品展示和海洋主题活动等。

（一）海洋牧场建设

海洋牧场建设是一种以人工渔场为载体，采用生态方式管理，向海域投放人工鱼礁等渔业资源增殖材料，培育、恢复鱼类等水生生物的生长环境，改善生物群落结构，从而达到渔业资源养护目的的新型渔业生产经营方式。舟山群岛海洋牧场建设可以提高海洋生态系统结构的完整性、稳定性和多样性，促进海洋渔业资源增殖和渔民增收。

舟山群岛海洋牧场建设具有以下特点：一是具有区位优势。舟山群岛位于我国东南沿海，是我国重要的渔场之一，其海域渔业资源丰富，发展海洋牧场建设具有良好的区位优势；二是具有生态优势。舟山群岛海域资源丰富，可为海洋牧场建设提供大量的生物饵料；三是具有技术优势。舟山群岛拥有丰富的渔业资源和渔场条件，且已有一定的牧场建设经验，可以为海洋牧场建设提供技术支持。目前，舟山群岛已经形成了一批知名渔场和渔具品牌，为海洋牧场建设提供了技术保障；四是具有劳动力优势。舟山群岛有大量渔民从事海洋渔业生产活动，为海洋牧场建设提供了劳动力资源；五是具有文化优势。舟山群岛作为“海上丝绸之路”的重要节点，有着悠久的渔业历史和丰富的渔业文化积淀。可以通过进一步挖掘、整合和利用舟山群岛丰富的海岛文化资源，从而促进舟山群岛旅游业发展。

（二）生态休闲旅游

生态休闲旅游是以生态旅游资源为基础，通过生态旅游活动，实现观光、休闲、娱乐和文化等功能为一体的一种新型旅游模式。将自然风光、生态环境和文化古迹等元素作为旅游活动的主体，可以满足不同层次旅游者的需求，实现旅游活动的多元化和个性化。舟山群岛拥有丰富的海岛生态环境、自然景观和文化遗产资源，以及优越的海岛交通条件，可以打造特色鲜明的生态休闲旅游产品。具体来说，舟山群岛可以通过以下途径来开发生态休闲旅游项目：

一是发展海洋观光旅游项目。如在舟山群岛沿海建设海洋牧场，打造集休闲娱乐、海洋科普等功能于一体的海洋牧场观光体验区。

二是开发滨海休闲度假旅游项目。如在舟山群岛沿岸建设滨海湿地公园，为游客提供休闲娱乐、观鸟等活动；开展海上垂钓、海上帆船等活动，让游客参与其中，感受大海的魅力。

三是开发海岛生态农业观光游项目。如在舟山群岛南部海域开发海岛生态渔业观光游项目，为游客提供捕捞、加工、销售等体验活动。

四是发展海岛科普教育游项目。如在舟山群岛举办各种海洋科普展览、海洋知识讲座等活动，让游客了解海洋知识和海洋文化，促进海岛旅游业的可持续发展。

（三）海洋文化体验

舟山群岛是我国第一大群岛，拥有丰富的海岛文化，是我国海洋文化的重要组成部分，其独特的海洋文化体验对游客具有很强的吸引力。在舟山群岛可以开展一系列海洋文化体验活动，如海上主题公园、海上游乐项目、海上美食节等，这些活动不仅可以让游客体验到舟山群岛独特的海洋文化，还可以吸引更多游客前来旅游。利用舟山群岛丰富的海洋资源和海岛文化资源，可以开发出一系列以海岛为主题的海上旅游产品项目，如水上探险、沙滩休闲娱乐、游艇旅行等。

1. 水上探险

舟山群岛的海域宽广，岛屿众多，拥有丰富的水上资源。可以开发出多个以海洋为主题的水上探险项目，如帆船、摩托艇、滑翔伞、游艇等。其中，帆船是一种在海上体验驾驶乐趣的运动，这不仅是一项很好的水上运动，还可以欣赏到舟山群岛美丽的海岸线和岛屿风光；摩托艇是一种速度非常快，具有很强刺激性和趣味性的水上运动项目，速度快、效率高、价格实惠，深受游客喜爱；滑翔伞是一种可以在空中飞行的项目，它不仅可以锻炼身体，还可以俯瞰海岛风光，因此受到游客喜爱。通过开发这些海上探险项目，不仅可以吸引更多游客来舟山群岛旅游，还可以增加舟山群岛生态旅游的吸引力和竞争力。

2. 沙滩休闲娱乐

沙滩休闲娱乐是利用海岛地形优势，开发出各种沙滩娱乐活动的综合性旅游项目。这些活动不仅满足游客对沙滩游玩的需求，还能增加海岛旅游业的收入。

在浙江舟山，沙滩休闲娱乐活动丰富多彩。例如，在鹿栏晴沙沙滩景区，游客可以参与露营、烧烤和观日出等活动。朱家尖国际沙雕艺术广场则是一个集沙雕艺术、休闲娱乐和生态旅游于一体的综合性旅游景区，游客们可以在沙滩上进行沙滩排球、冲浪等户外运动。此外，南沙景区还提供了舒适的休闲环境，设有多个休息区和餐饮点，让游客在享受阳光沙滩的同时，也能品尝到新鲜的海鲜美食。游客可以在桃花岛玩沙看海，开展垂钓、捕捞或享受美好的日光浴、沙滩浴。基湖沙滩是舟山群岛最大的天然海滨浴场，全长2200米，宽200多米，面积约50万平方米，可容数万余人同戏碧波，共浴日光，是华东地区最大的沙滩。景区内娱乐休闲设施齐全，有帆板、冲浪、海浴、赛车、跑马、摩托艇、快艇等多种水上运动项目。

二、舟山群岛旅游特色生态项目的实践案例

舟山群岛提倡发展生态旅游是为了保护舟山群岛的生态系统和环境，以确保舟山群岛的可持续发展，在此基础上，制定了一系列的生态旅游项目。这是一个以生态旅游为基础，同时为舟山群岛提供了另一种经济增长方式的项目形式。

（一）“一岛一品”主题景观建设

舟山群岛上有很多岛屿，如桃花岛、普陀山岛、朱家尖岛、泗礁山岛、长涂岛等，每个岛屿都有自己的特色和主题景观。例如，桃花岛和普陀山岛以自然景观为主，而朱家尖岛和长涂岛则以人文景观为主。因此，在生态旅游项目中，必须充分利用各种资源，突出各自的特点和优势。例如，桃花岛是一个以自然景观为主的岛屿，它不仅是一个自然的岛屿，也是一个充满文化内涵的岛屿，因此，可以将其自然风光与文化特征相结合。普陀山岛以佛教文化为主；朱家尖岛以历史文化为主；长涂岛则以海洋文化为主。在建设过程中，可以将现有的景观资源整合开发，根据每个岛屿的特点和优势进行规划和建设，如在桃花岛上建造一个大型音乐喷泉和一个大型动物园；在朱家尖岛上建造一个海洋世界等。

1. 桃花岛音乐喷泉

在桃花岛上，可以建造一个大型音乐喷泉。音乐喷泉是指以水为基础的各种形式的景观，其最大的特点是可与音乐同步，还可与其他媒体同步。因此，音乐喷泉不仅可以美化城市环境，还可以成为城市的标志之一，提升桃花岛的整体形象。桃花岛音乐喷泉建成后，将成为桃花岛的新标志，吸引更多的

游客前来观赏和拍照。此外，在音乐喷泉周围设置一些其他娱乐项目，如游乐场，民俗表演等，这些娱乐项目满足不同年龄段和游客群体的需求，使游客更加了解桃花岛的文化特色和历史背景。

2. 朱家尖

朱家尖岛作为浙江省舟山群岛东南部的一颗璀璨明珠，以其得天独厚的地理位置和丰富的旅游资源，成为舟山市不可或缺的重要岛屿。位于北纬29° 50′至 29° 57′ ，东经 122° 50′至 122° 56′的朱家尖，与著名的普陀山隔海相望，仅需 10 分钟快艇即可抵达，而与沈家门渔港的间隔更是只有 1 千米，通过朱家尖海峡大桥与舟山本岛紧密相连。

自 1993 年起，朱家尖的开发建设便由管理委员会精心规划与实施，旨在保护和合理利用这一国家级风景名胜区。岛上的旅游发展以“自在休闲”为主题，依托佛教文化和自然景观，构建了“一轴、两带、四板块”的旅游发展格局。近年来，朱家尖更是不断推进重点项目建设，如长乔海洋世界科技馆等，以期将旅游业推向新的高度。

基础设施的完善同样是朱家尖发展的重要一环。普陀至开化公路舟山朱家尖段的市政配套建设，包括人行道、绿化景观、消防、给排水等附属工程，都为提升岛屿的整体形象和旅游体验作出了贡献。朱家尖海峡大桥的建成，更是华东地区特大型跨海大桥的典范，极大地增强了岛屿与周边地区的联系。

当前，朱家尖不仅是国家级风景名胜区的重要组成部分，更是“普陀金三角”核心旅游区的关键一环。岛上的自然景观和旅游资源，一流的海水水质和大气标准，吸引了无数游客前来游玩。

（二）舟山群岛海洋牧场

舟山群岛海洋牧场的建设和发展，是基于现代渔业技术与生态学原理，旨在实现渔业资源的可持续利用和生态环境的保护。

第一，深海生态牧场是一个新兴的产业，主要集中在近海地区。这种牧场通过人工鱼礁、增殖放流等措施恢复渔业资源，并适度发展休闲渔业。例如，岱山县大西寨海洋牧场示范区建设项目就包括了人工鱼礁建设和海水养殖等措施。

第二，海上生态牧场在近海地区进行生产，渔民们可以利用当地独特的海洋资源来生产各种海产品，以满足市场需求。例如，六横海洋牧场综合体建设项目一期工程中提到的老鹰咀区块和台门区块分别进行了人工鱼礁建设工程和多功能平台建设。

第三，近海养殖牧场则针对需要大量捕捞以满足市场需求的渔民，他们可以利用这些牧场来生产鱼类和贝类产品。例如，在浙江舟山群岛新区发展规划中提到的优化海洋捕捞作业结构和推广高效、生态、安全、集约的海水养殖模式。

此外，舟山市已经开发了一些具体的海洋牧场项目。例如，中街山列岛国家级海洋牧场位于舟山群岛海域，其建设有利于促进当地渔业发展和保护该海域生态环境。同时，普陀东部白沙海域也被列入国家级海洋牧场示范区。

总体来看，舟山群岛海洋牧场的发展不仅有助于养护海洋渔业资源和修复海域生态环境，还能拓展渔业发展空间、优化产业布局，推动近海渔业可持续发展。通过科学规划布局和技术创新，舟山群岛正在逐步构建一个科学、生态、高效的现代渔业发展模式。

1. 深海生态牧场

舟山群岛的海洋牧场建设要以深海生态牧场为主要发展方向，注重科学、合理的建设规划，促进海洋牧场与生态保护相结合，实现舟山群岛海洋牧场的可持续发展。具体来说，可以采取以下措施：一是加强渔业资源的管理和保护。要注重对舟山群岛现有渔业资源的调查和监测，对舟山群岛的渔业资源进行合理规划和利用；二是加强海洋环境保护。要注重海洋生态系统的保护，提高海洋环境监测技术水平，加强对舟山群岛渔业资源的监控和保护，确保舟山群岛渔业资源的可持续发展；三是促进舟山群岛生态旅游产业发展。要注重开发当地生态旅游产品，使其成为舟山群岛生态旅游产业发展中一道亮丽的风景线；四是加强渔业生态文化建设。要注重渔业文化遗产的保护和传承，加大对渔民传统捕鱼技术和知识的宣传力度，让渔民们了解如何捕捞鱼类、贝类等海产品以及如何保护鱼类、贝类等海洋生物；五是加强对舟山群岛海洋环境的监测。要注重对舟山群岛海洋环境污染情况进行监测与评估，并采取相应措施进行处理。

2. 海上生态牧场

海上生态牧场是指在海上建立人工渔场，利用人工渔场的环境条件和各种自然因素，充分发挥海上资源优势，促进海水养殖、捕捞等渔业生产和海洋生态环境的协调发展。海上生态牧场主要有两个方面的内容：一是海流的人工改造。在海流人工改造方面，我们可以在海洋中建造大型或小型渔场，并结合海浪的自然运动规律，使其具有更好的生态环境；二是人工渔场建设。在人工渔场建设方面，我们可以建立一个集科研、科普和旅游于一体的海洋牧场。在海上生态牧场内，游客可以看到各种各样的海洋生物，还可以亲自参与捕捞和养殖活动。他们可以亲身体验捕鱼和养殖活动的过程，并感受到渔民们捕鱼和养殖的艰辛和快乐。

海上生态牧场可以改善舟山群岛海域的水质条件和渔业环境，扩大舟山群岛海域的面积，提高渔业资源密度，保护舟山群岛海域的海洋生态系统，从而确保舟山群岛海洋生态系统的可持续发展。

3. 近海养殖牧场

近海养殖牧场是指利用近海水域和滩涂资源，发展人工增殖和养殖的海洋牧场，其主要目标是合理利用渔业资源，控制渔业资源数量，改善海洋生态环境，保持海洋生态平衡。近海养殖牧场不仅可以改善近海水域和滩涂资源的数量和质量，还可以为当地渔民提供更多的就业机会，提高渔民的经济收入。当地渔民大多以捕捞为生，而且渔船的数量有限，因此有必要发展近海养殖牧场。近海养殖牧场主要是以人工增殖放流为主体的海洋牧场，其主要功能是恢复或重建已消失的海洋生态系统，保持海洋生态平衡。此外，近海养殖牧场还可以用于渔业资源调查。

目前，舟山群岛的海洋牧场正在成为推动当地经济发展和生态保护的重要力量。舟山市优先适宜海洋牧场建设区域主要分布在马鞍列岛岛屿邻近海区、中街山列岛岛屿邻近海区、岱山东部列岛岛屿邻近海区，以及朱家尖东部的洋鞍－猫头洋海区。这些区域不仅海洋生物资源丰富，而且自然景观秀丽，为海洋牧场的建设和海洋旅游的发展提供了得天独厚的条件。

马鞍列岛岛屿邻近海区以其清澈的海水和丰富的海洋生物而闻名，是开展潜水和海洋生物观赏的理想之地。中街山列岛岛屿邻近海区则以其独特的海洋生态和优美的海岛风光吸引着众多游客。岱山东部列岛岛屿邻近海区和朱家尖东部的洋鞍－猫头洋海区因其良好的建设基础和符合发展规划，成为海洋牧场建设的优选区域。

通过这些海洋牧场的建设，舟山群岛不仅能够有效保护和恢复海洋生态系统，还能为当地居民提供新的就业机会，促进经济增长。同时，这些项目也为游客提供了与海洋亲密接触的机会，让他们能够体验到海洋的魅力和海岛的生活方式。随着海洋牧场旅游项目的不断推进，舟山群岛有望成为国内外知名的海岛旅游目的地。

三、合理开发生态旅游项目，实现精品创新

在舟山群岛的生态旅游项目开发中，应该从以下几个方面入手，不断创新生态旅游产品。首先，在生态旅游项目开发过程中，应充分挖掘海岛资源和海洋文化，并结合现代科技手段对海岛资源进行合理开发和利用。其次，在生态旅游项目的开发过程中，还应加强生态环境保护，只有这样才能确保舟山群岛生态旅游项目的可持续发展。此外，在舟山群岛的生态旅游项目开发过程中，应根据实际情况制定相应的策略，同时，还需要充分考虑海岛的可持续发展问题。

（一）实施“大景区”战略，打造海岛旅游精品

随着项目开发，舟山群岛的生态旅游产业也在不断发展，尤其是近几年来，在国家政策的指导下，舟山群岛的生态旅游项目得到了极大的发展。如今，舟山群岛的生态旅游产业已经成为一大亮点。因此，在“大景区”战略的指导下，可以通过多种方式打造海岛旅游精品。首先，可以通过举办“海岛文化节”等形式来宣传舟山群岛的生态旅游资源。同时，还可以利用当地独特的文化底蕴来开发特色文化旅游项目，例如普陀山佛教文化、六横渔文化、嵊泗渔俗文化等。通过举办大型活动来扩大舟山群岛生态旅游产业的知名度，通过树立特色品牌来提高舟山群岛生态旅游产业的影响力。目前，一些具有特色的生态旅游产品已经被大众所认可。例如，舟山群岛的普陀山岛就是一大特色品牌，可以将普陀山岛打造成为集休闲度假、海洋观光、文化体验等为一体的海岛旅游精品。我国已经有一些主题公园项目在全国各地得到推广和发展。例如，欢乐水世界、欢乐水族馆、玛雅乐园等主题公园项目在全国各地都得到了良好发展。因此，可以在舟山群岛将这些主题公园项目打造成为具有地方特色的生态旅游精品。

（二）整合海岛生态旅游资源，实现优势的互补

舟山群岛的生态旅游资源比较丰富，因此，在进行生态旅游项目开发的过程中，应充分整合生态旅游资源，实现优势互补。一方面，舟山群岛拥有丰富的海岛旅游资源，如普陀山岛、岱山岛、嵊泗列岛等，这些岛屿都是舟山群岛旅游的重要组成部分；另一方面，舟山群岛拥有丰富的海洋生态资源，如渔业资源、人文生态资源等。因此，在进行生态旅游项目开发过程中，应充分利用这些人文生态资源和历史文化遗迹等来发展海洋文化、海岛文化等相关文化生态旅游项目。只有这样才能将舟山群岛的自然生态环境与人文生态环境进行有机结合，从而实现优势互补和共同发展。同时，还应结合现代科技手段来完善海岛旅游信息平台建设和公共信息服务体系建设等内容。

（三）加强海岛生态保护，确保海岛可持续发展

在海岛旅游项目的开发过程中，应注重生态保护，如限制海岛上的游客数量，不对岛上资源进行大规模开发等。在保护生态环境的前提下，不断挖掘海岛旅游资源的优势。在开发过程中应坚持环保优先原则，确保舟山群岛生态环境不被破坏。同时，还应严格遵循可持续发展原则，在环境保护问题上加强对海岛旅游项目开发过程中的监督和管理。最后，在舟山群岛生态旅游项目开发过程中，还应坚持人与自然和谐相处原则。例如，在进行海岛旅游项目开发时，应尽量避免破坏当地植被和海洋生态系统，根据实际情况对海岛旅游项目进行合理规划和建设。

综上所述，舟山群岛具有丰富的海洋资源和自然资源。同时还拥有丰富的海岛人文历史资源、海岛旅游资源以及海岛休闲度假资源等。要因地制宜进行项目开发，加强海岛生态保护，确保海岛的可持续发展。

第二节　舟山群岛农渔民参与旅游产业的推动

在实施乡村振兴战略的背景下，舟山群岛农渔民参与旅游产业的发展具有得天独厚的优势。通过实地调研、数据分析等研究方法，结合浙江实际，本节提出促进舟山群岛农渔民参与旅游产业发展的建议，为全面实施乡村振兴战略和共同富裕示范区建设提供决策参考，助力浙江“重要窗口”建设。在舟山群岛，有一种声音：“我们的旅游资源还不够好，不能满足游客的需求。”其实，这只是一种认识误区，舟山群岛不仅有山有水，更有悠久的历史、丰富的人文底蕴和众多的非物质文化遗产，拥有丰富的旅游资源和巨大的旅游发展潜力。为此，舟山群岛提出“两个转变”和“四个推进”发展思路，以加快实施“全域旅游”战略为契机，推动农渔民参与旅游产业发展。

一、海岛旅游为舟山群岛提供了新热点

随着舟山群岛旅游业的快速发展，越来越多的游客来到舟山群岛，享受海岛游带来的休闲惬意。于是，渔业捕捞、海洋观光、海上运动、海岛度假等旅游产品层出不穷。但是，在旅游需求日益旺盛的今天，单一的渔业观光旅游已经不能满足游客需求，具有文化内涵和地域特色的渔村游成为众多游客的最爱。舟山群岛拥有众多的渔村，有些渔村还以渔家文化为主题进行了旅游开发。如东沙镇东沙村举办的东沙弄堂节，吸引了很多游客参与其中。

（一）“海岛游”发展空间广阔

海岛游是舟山群岛一张新的旅游名片，成为游客重要的旅游方式，也成为舟山群岛旅游业发展的新增长点。从舟山群岛海岛游发展现状看，存在以下几个方面问题：第一，海岛旅游产品供给不足。目前，舟山群岛还缺乏针对不同年龄段、不同消费层次游客需求的丰富旅游产品和线路，存在“低端供给、中端重复、高端短缺”的问题；第二，海岛旅游资源开发不足。舟山群岛旅游资源丰富，但尚未充分挖掘和整合。大多数海岛没有形成完整的产业链和生态链，相关产品开发不足，无法满足游客对不同类型、不同层次海岛游产品的需求；第三，海岛旅游基础设施和服务设施建设滞后。舟山群岛基础设施建设相对落后，部分岛屿交通不畅，停车场、公共卫生间、通信等公共服务设施不完善。可见，舟山群岛的“海岛游”仍有广阔的发展空间。

（二）“海岛游”带动相关产业发展

舟山市的海岛旅游资源丰富，包括普陀山、桃花岛、东极岛等著名景点。这些独特的自然景观和文化资源吸引了大量游客前来观光旅游，从而带动了相关产业的发展。

在餐饮业方面，舟山市拥有众多的餐饮企业，涵盖了各类美食和服务。例如，舟山市正旺餐饮管理有限公司旗下的“舢鲜”品牌专注于提供舟山特色海鲜面，舟山四季宴餐饮有限公司提供多样化的餐饮服务。此外，还有

舟山市定海老锅餐饮店、舟山市普陀山香客素食餐饮有限公司等多家餐饮企业。

为了进一步提升旅游体验，舟山市还积极发展与旅游相关的其他产业。例如，通过推进国家全域旅游示范区创建，不断丰富旅游产品体系，完善旅游咨询服务体系，并大力培育旅游新产品、新业态、新模式。同时，舟山市政府也在积极推动交通网络建设，包括海上和陆路交通，以方便游客出行。

（三）渔业发展为“海岛游”提供基础保障

一是渔获捕捞量大。舟山市作为中国重要的海洋渔业基地，其渔业资源丰富，是我国最大的渔场之一。据统计，舟山渔场的渔业资源总量达到了250 万吨，其中包括各种鱼类、虾类、蟹类等，主要渔获物包括鲳鱼、青鱼、鲷鱼、黄鱼等。2022 年舟山全年海水产品总产量 188.3 万吨，增长 3.0%，是浙江省海产品产量最多的城市。这些丰富的渔获物资源不仅满足了当地居民的生活需求，也为旅游业提供了充足的食材来源。

二是渔船数量多且现代化程度高。舟山市拥有大量的渔船，捕捞渔船总量超 6000 艘。近年来，舟山市加快了渔船更新改造，提升了远洋渔船生产能力，促进了海洋渔业现代化转型升级。

三是海洋渔业产业链完善。舟山市通过构建上下游完整的产业链，推动产业集群集聚发展。鼓励大型企业和社会资本参与渔港经济区、海洋牧场、深远海养殖、精深加工等海洋渔业产业链的发展。此外，舟山还大力发展水产品加工和贸易，提升海洋水产品的加工和安全控制技术水平，并推进中国舟山国际水产城改造提升工程。这些措施不仅提升了海洋渔业的整体水平，也为海岛游提供了更多的附加值服务。

四是休闲渔业与旅游结合紧密。舟山市积极发展休闲渔业，结合旅游开发推出了海钓、船上张网、海味烧烤等一系列深受游客欢迎的旅游项目。蚂蚁岛等地通过完善基础设施，打造具有海岛地方特色的休闲渔业品牌，吸引了大量游客前来体验传统海洋渔业文化。这种“渔业 + 旅游”的模式不仅丰富了海岛游的内容，也带动了当地经济的发展。

1.“海岛游”使渔民的收入水平稳步提高

随着舟山群岛旅游产业的发展，舟山群岛居民收入水平不断提高，居民消费结构逐步由生存型向发展型、享受型转变。舟山市渔业经济规模不断扩大，渔民专业合作社和股份合作组织数量不断增加，有效推动了渔业经济的发展。

2. 海洋渔业为“海岛游”提供物质基础

舟山群岛拥有丰富的渔业资源和深厚的文化底蕴，为“海岛游”提供了坚实的物质基础。根据资料显示，舟山的海洋捕捞作业历史悠久，主要使用张网、流网和拖网等传统方式。近年来，舟山不断推进渔业现代化发展进程，从木质渔船到钢制渔船，从人力起网到自动起网，科技的进步显著提升了渔业生产力。

截至 2022 年，舟山现有远洋渔业资格企业数量为全国地级市之最，拥有远洋渔船数量约占全国四分之一。这些数据表明舟山在国内外渔业市场中占据重要地位。此外，舟山还积极发展休闲渔业，通过完善基础设施和丰富旅游项目吸引游客，如海钓、船上张网、环岛观光等。这些活动不仅增加了游客体验的多样性，也促进了当地经济的发展。

舟山群岛的渔业资源丰富多样，被称为“东海鱼仓”和“祖国渔都”，舟山渔场是世界四大渔场之一，也是中国最大的近海渔场。这些丰富的渔业资源为“海岛游”提供了充足的海鲜产品，使得游客可以品尝到新鲜美味的海鲜佳肴。

舟山群岛凭借其悠久的渔业历史、先进的渔业技术和丰富的海洋资源，为“海岛游”提供了坚实的物质基础和多样的旅游体验机会。

二、海岛民宿为游客提供了新选择

民宿是一种生活方式，也是一种文化载体。随着消费升级的加快，“民

宿 +”的旅游模式也开始受到游客青睐，民宿正成为“住”的升级版。在舟山群岛，随着旅游业的快速发展，越来越多的人选择到民宿居住，而这也成了舟山群岛海岛旅游产业发展的重要驱动力。“一村一品”特色民宿正成为舟山群岛海岛旅游发展的重要组成部分。

为了丰富游客的选择，舟山市大力推进乡村特色民宿建设。截至目前，全市已有 858 个旅游资源单体和 7 个 5A 级景区。其中，岱山县的双合村通过改造老房子成为网红民宿，吸引了大量外地客人前来住宿游玩。此外，舟山市还积极引进社会资本和国内外知名民宿品牌公司，投资建设一批精品民宿、民宿综合体和精品民宿聚落，提升舟山民宿的品质和影响力。

具体而言，舟山市普陀区人民政府出台了《关于加快推进海岛民宿产业发展的实施意见》，旨在深入实施乡村振兴战略，加快推动民宿产业成为展示文化和旅游高质量发展和推动共同富裕的“金名片”。同时，舟山市文化和广电旅游体育局也公开征求《关于促进舟山市海岛精品民宿高质量发展的实施意见（征求意见稿）》，旨在进一步提升管理规范。

在政策支持方面，去年，普朱管委会正式出台《关于进一步助力民宿有序发展的若干意见》，鼓励申报海岛精品民宿。对当年度获评市级最美民宿的，给予奖励 2 万元；对当年度获评省级银宿级、金宿级、白金宿级、文化主题民宿的，分别给予奖励 5 万元、10 万元、15 万元、10 万元。这些措施不仅提升了民宿的质量，也促进了当地经济的发展。

综上所述，舟山市通过一系列政策和措施，大力推进乡村特色民宿建设，目前全市已拥有丰富的旅游资源和多样的民宿类型，为游客提供了多样化的选择，助力了乡村振兴和海岛旅游经济发展。

（一）海岛民宿发展势头强劲

近年来，舟山群岛民宿产业发展迅速，已成为乡村旅游发展的新亮点。舟山市普陀区人民政府发布的《关于加快推进海岛民宿产业发展的实施意见》标志着该地区对民宿产业的重视和推动，旨在将民宿业打造成为促进文化和旅游高质量发展、实现共同富裕的重要途径。该政策以"民宿姓民、民宿有主、民宿要融、民宿重情"为核心理念，鼓励发展"民宿 +"的新型产业模式，强调农业、旅游和文化的深度融合，以此推动民宿产业的高质量发展。

基础设施建设方面，随着美丽海岛建设项目的推进，特色村落如东海渔村、东海石村等逐渐成为新的风景点，为游客提供了风情独特的旅游体验。政府对民宿旅游基础设施和公共服务设施的建设提供了补助和奖励，进一步激发了民宿产业的集聚发展。

市场表现方面，嵊泗县在 2015 年的民宿产业发展成就显著，新增民宿数量和床位数的增加，以及高持证率和高星级经营户的比例，都显示了民宿产业的健康发展，这些成就得益于政策的引导、办证审批的简化和资金奖补的激励机制。

品牌化和品质提升也是民宿产业发展的重要方面。嵊泗县通过"民宿 +"的发展思路，整合了海岛生态、海鲜美食、渔俗民风等资源，构建了独特的民宿发展格局。海岛民宿品牌的逐渐确立，以及在最美民宿评选中的突出表现，进一步提升了民宿产业的品牌形象。

数据显示，超过七成的居民家庭因旅游发展而增收，近八成的居民参与或有意从事旅游经营活动，这表明民宿产业不仅带动了乡村振兴和村民增收，也为当地经济注入了活力。

（二）"民宿+"模式逐渐成熟

在舟山群岛，随着民宿产业的蓬勃发展，"民宿 +"的旅游模式也开始被越来越多的人所接受，"民宿 +"旅游模式在舟山群岛越来越成熟，越来越受到游客的欢迎。"民宿 +"旅游模式不仅可以为游客提供更为丰富的住宿体验，而且还可以将民宿与当地特色旅游资源结合起来，共同打造独具特色的海岛旅游。在普陀山、南沙、东沙等知名旅游景区周边，各地结合海岛特色、政府政策以及渔农业文化进行有序开发，形成了独具特色的民宿。这些民宿不仅提供舒适的住宿环境，还融入了当地的自然生态和乡土文化资源，使得游客能够更深入地了解和体验舟山的独特魅力。

此外，“民宿 +”模式也拓展至其他领域，如结合网红景点打造特色民宿，为游客提供独特的住宿体验。这种创新尝试丰富了旅游市场的内涵，并指明了民宿行业的发展方向。同时，舟山市也在积极探索“海岛旅游 +”融合发展新路径，举办多项体育赛事，进一步推动民宿与旅游业的融合。

总体来看，“民宿 +”模式在舟山群岛的成功实践表明，它不仅能提升游客的住宿体验，还能促进当地经济的发展和乡村振兴。

（三）“渔家乐”热度持续火爆

随着人们生活水平的提高，“渔家乐”也日益受到游客青睐，成为舟山群岛乡村旅游的重要内容。舟山市各地纷纷依托自身优势，大力发展“渔家乐”产业，不仅促进了当地渔民增收致富，而且也成了乡村旅游发展的一大亮点。

（四）传统渔业加速转型升级

传统渔业正向现代渔业转型升级。近年来，舟山市积极推动海洋捕捞、海水养殖和休闲渔业三大产业转型升级，推动渔业经济转型发展。以渔民为主体，舟山群岛积极发展“渔民 + 公司”“渔民 + 农户”等新型合作组织模式，推进标准化、产业化、品牌化发展，提升海洋经济的质量和效益。如支持开拓过洋性远洋渔业新项目，特别是有陆域基地配套的全产业链发展项目。此外，舟山市还鼓励开发东南太平洋鲯鳅鱼、西北太平洋渔场秋刀鱼等资源，并加大印度洋鱿鱼和金枪鱼资源探捕和开发力度。

在海水养殖方面，舟山市致力于培育优良品种并推进标准化示范化建设，形成了以南美白对虾、三疣梭子蟹等为主导的海水养殖产业。截至目前，舟山市已有多个单位获得农业部和浙江省水产健康养殖示范场（区）称号。舟山市还着力推进品牌振兴工作，推动“舟山带鱼”等产品的地理标志证明商标影响力提升；创建多个农业部“最美渔村”、全国及省级休闲渔业示范基地，并更新改造新型休闲渔船和配套设施。

以乡村民宿为例，舟山群岛以传统渔业转型升级为契机，加快乡村民宿建设步伐。在乡村民宿的发展过程中，舟山群岛通过构建与完善乡村旅游的产业体系、服务体系和管理体系等，积极培育发展休闲渔业产业。例如，在嵊泗县，随着美丽海岛建设的深入，东海渔村、东海石村等特色村落逐步显现，形成了独具列岛风情的海岛民宿业。

舟山市普陀区还出台了《关于加快推进海岛民宿产业发展的实施意见》，扶持海岛民宿产业化发展，并投入资金支持基础设施和公共服务设施建设。这不仅提升了民宿的质量和服务水平，也吸引了更多的游客前来体验渔家文化。

为了进一步提升民宿产业的整体水平，舟山市注重生态资源保护和可持续发展，倡导绿色休闲渔业和美丽乡村建设。通过“村集体 + 合作社 + 公司 + 农户”的新模式，村民可以将房屋资源转化为资产，既减轻了改造和运营压力，又增加了收入来源。

（五）传统节庆活动成效显著

舟山群岛乡村旅游产业的发展，除了依靠民宿建设之外，还得益于丰富的乡村传统节庆活动。而这些传统节庆活动也是舟山群岛乡村旅游发展的一大亮点。例如，每年春节期间，舟山会举办“阿拉过节嘞”系列传统节日民俗文化活动，其中包括“舟山新春元宵灯会”、“百乐迎春”文艺星火赋美春节特别演出、“新春国潮庙会”等活动，这些活动以融合传统灯会和舟山地域元素的方式呈现传统文化瑰宝。此外，端午节期间，舟山也会举办“阿拉过端午嘞”活动，通过特色风雅集市、研学课堂、体育运动游艺、快闪经典传统演艺表演等项目，让市民和游客沉浸式体验传统文化的魅力。

另一个重要的传统节庆活动是休渔谢洋大典，该活动在舟山群岛举行，包括祭祀仪式、歌舞谢洋等环节，展示了舟山独特的海洋文化。此外，沈家门渔港的灯会也是舟山的传统民俗活动之一，每年农历正月十五都会举行盛大的灯会，营造出浓厚的节日氛围。

这些丰富多彩的传统节庆活动不仅展示了舟山的文化魅力，也吸引了大量游客前来参与，进一步推动了当地乡村旅游产业的发展。

舟山群岛乡村旅游发展取得成效的背后，离不开舟山群岛各部门的支持与推动。为进一步提升舟山群岛乡村旅游产业的发展水平，促进舟山群岛乡村旅游产业提质升级，推动舟山群岛农渔旅一体化发展进程，舟山市相关部门还着力推进农渔民参与旅游产业。如舟山市出台《浙江舟山群岛新区发展规划》《浙江舟山群岛新区（城市）总体规划（2012—2030年）》《舟山历史文化名城保护规划（2021—2035）》等文件，为推进舟山群岛乡村旅游产业发展提供政策支持。此外，舟山市大力发展以海洋文化为特色的节庆会展业，推出了诸如舟山群岛·中国海洋文化节、舟山国际沙雕节、中国普陀山南海观音文化节等海洋文化节庆活动，形成了较好的品牌效应和规模效益。这些节庆活动不仅吸引了大量游客，还促进了当地经济的发展，并且在国内外产生了较大的影响力。

舟山市注重挖掘地区民俗文化，以文化为魂，发扬故乡优势，集休闲、娱乐、购物、综合商务旅行于一体，从而让生活在城市中的人们有新的旅行体验。这种策略不仅有助于促进海岛旅游经济发展，还能推动城乡区域之间的协同发展，实现共同繁荣。

舟山群岛海岛旅游产业的发展离不开民宿建设和丰富多样的乡村传统节庆活动，这些活动不仅提升了游客的体验质量，还带动了当地经济的发展，成为舟山群岛海岛旅游发展的亮点之一。

第三节　舟山群岛旅游文化传承和创新的实践

近年来，舟山群岛新区以“文化引领、融合发展”为思路，充分挖掘海洋文化内涵，培育海洋文化品牌，推动文旅产业深度融合发展，形成了海洋旅游和文化旅游互动互融的特色发展模式，是以海洋文化为特色的现代化海岛城市。

在共同富裕背景下，舟山群岛新区充分挖掘和发挥海洋文化对旅游业的引领和推动作用，积极推进“旅游+”与“+旅游”融合发展。《浙江舟山群岛新区（城市）总体规划（2012—2030年）》明确了今后一定时期舟山群岛新区旅游产业发展的主要任务。笔者结合舟山群岛新区实际，提出以下建议：

一、加强顶层设计，推进“旅游+”与“+旅游”融合发展

为贯彻落实《浙江舟山群岛新区（城市）总体规划（2012—2030年）》的要求，推进文旅融合发展，优化海岛旅游产品，打造多元特色海岛旅游，加快发展邮轮游艇产业，探索建设海上花园，丰富海上娱乐产品，提升海上度假体验。建议舟山群岛新区相关部门加强顶层设计，充分发挥舟山群岛新区独特的海洋文化优势，深度挖掘海岛旅游资源潜力，积极推进“旅游+”与“+旅游”融合发展。加快建设“海上花园”。通过文化旅游和特色产业的融合发展，推动传统海岛旅游向海洋休闲度假的转型升级。实施“一岛一景”工程。依托舟山群岛新区独特的海洋文化资源和海岛风貌特色，着力打造“一岛一景”文化旅游精品。积极发展海上运动、海上娱乐、海上观光、海上贸易等高端海洋休闲度假产品。

（一）舟山群岛新区旅游产业发展

舟山群岛新区海岸线长2400多千米，海域面积2.08万平方千米，共有大小岛屿1390个，主要分布在我国东南沿海，具有丰富的海洋资源和独特的海岛景观。舟山群岛海域鱼类资源丰富，分布有大黄鱼、梭子蟹等经济鱼类以及紫菜、海带等海洋牧场养殖资源，其中舟山三疣梭子蟹、舟山带鱼等均为国家地理标志保护产品。

随着经济的快速发展和海上交通条件的改善，舟山群岛正逐渐成为游客们度假休闲的好去处，海岛旅游资源也在不断升级和完善。旅游产业作为舟山群岛新区发展新的经济增长点，不仅是当地重要的民生工程和富民产业，也是舟山群岛新区高质量发展的重要标志。《浙江舟山群岛新区（城市）总体

规划（2012—2030年）》明确提出一系列战略目标和发展规划，旨在指导舟山群岛新区的可持续发展。该规划强调了合理利用和保护海洋资源的重要性，提出了加强海洋生态环境保护、促进海洋经济发展和提升海洋文化软实力的方针，强调了旅游业的核心地位，提出了打造国际海岛旅游目的地、发展海洋休闲旅游和建设一批特色旅游岛的目标。规划还提出了加快基础设施建设，改善交通网络，提升旅游服务设施，以及加强旅游与文化、渔业和农业等其他产业的融合，以创造更加多元化的旅游产品。提升当地居民的生活质量，通过发展旅游产业带动就业和收入增长，实现社会经济的全面发展。

在实施乡村振兴战略方面，规划提出了推动农渔旅一体化发展，鼓励农民和渔民参与旅游产业，通过发展乡村旅游、休闲渔业等业态，增加收入来源。同时，注重文化遗产的保护和传承，通过旅游发展来展示和弘扬舟山的海洋文化和渔村文化。

（二）实施“一岛一景”工程

1. 渔家风情游

将渔家风情与当地人文景观有机结合，深入挖掘海岛的渔俗文化、码头文化、海防文化、港口文化等特色元素，利用具有地域特色的民居建筑和民风民俗等资源，推出各具特色的渔家游产品，并建立渔家旅游路线，使游客能感受到浓郁的舟山渔家风情。同时，依托舟山丰富的海产资源，开发休闲垂钓、渔获观赏、海鲜加工等产品。

2. 海岛风光游

通过对舟山群岛中有代表性的岛屿进行规划和包装设计，以其特有的自然景观为基础，结合海岛文化特色，策划不同主题和类型的旅游活动，形成以海岛自然风光为核心吸引物，以海岛历史文化、民俗文化、宗教文化、海洋科技和节庆活动等为辅助吸引物的复合型海岛旅游产品。如以嵊泗列岛为代表的海岛群风光游；以朱家尖岛为代表的海岛自然风光游；以岱山岛为代表的渔家风情游等。

3. 海上田园游

结合舟山群岛新区特有的渔家文化和海岛风貌特色，打造海上田园风光游。大力发展海洋运动休闲旅游产品，打造集吃、住、行、游、娱、购于一体的海洋运动休闲度假胜地。如海上垂钓、摩托艇、帆船出海等运动旅游项目；海上观光和游艇度假等海洋体验旅游项目。

（三）着力打造海岛文化旅游精品

舟山群岛是我国唯一的国家级列岛风景名胜区，拥有丰富的海岛旅游资源。文化是旅游的灵魂，文化资源是旅游业发展的基础。因此，在发展文化旅游时，要以丰富的海洋文化为基础，通过文化创意和设计提升产品质量。以舟山群岛新区为例，在打造海岛旅游精品时，要突出地方特色、海洋特色和历史文化特色。要重点开发舟山群岛新区独特的海洋文化资源，如普陀山佛教文化、东极岛渔家民俗等。同时，要加快开发舟山群岛新区独特的海洋文化、海岛风情和民俗风情等文化旅游资源，如海洋运动、海上游乐、海上购物等。

（四）积极发展海洋文化体验产品

充分挖掘舟山群岛新区的海洋文化资源，探索发展“旅游+”与“+旅游”融合发展模式，深入开发海洋文化体验产品，提升游客的文化感知和体验水平。

一方面，开展“海上花园”系列节庆活动。以海洋文化为主题，开发集海洋文化、海岛风光、渔文化、非遗文化、民俗文化于一体的节庆活动，如“开渔节”“渔家乐”等节庆活动，以提升舟山群岛新区的知名度和美誉度；另一方面，积极推进“旅游+”体育休闲活动。通过开展海洋文化主题体育活动，满足游客对体育运动和运动体验的需求，从而促进旅游业的发展；此外，大力发展海洋科技体验旅游。借助新媒体技术和VR技术等手段，开发集观光、体验、教育于一体的海洋科技主题旅游产品。

二、建设“全域旅游”示范区，推进文化旅游一体化发展

坚持“全域旅游”理念，将舟山群岛新区建设成为全省旅游发展的示范区域。大力推进“旅游+”与“+旅游”融合发展，不断创新旅游发展模式，完善旅游公共服务体系。根据《国务院关于促进旅游业改革发展的若干意见》（国发〔2014〕31号）和《浙江省人民政府关于加快培育旅游业成为万亿产业的实施意见》（浙政发〔2014〕42号）文件精神的指导，舟山市充分利用舟山群岛新区的海洋资源和文化优势，加强海洋文化、历史文化、生态文化等资源的开发与保护。充分挖掘舟山群岛新区丰富的海洋文化内涵，打造一批具有区域特色的文化旅游品牌，提升文化旅游的国际影响力。

（一）以文化引领旅游，提升文化自信

在舟山群岛新区的旅游产业发展中，应该融合海洋文化，并以此为核心打造具有国际影响力的旅游品牌。舟山群岛新区拥有丰富的海洋文化，可以积极探索发展海洋旅游与文化传承相结合的路径，充分挖掘海洋文化资源，提升舟山群岛新区文化软实力。

舟山市旅游企业在开展对外交流时，应该积极宣传舟山群岛新区的海洋文化，加强与海上丝绸之路沿线国家和地区的文化交流与合作。通过旅游产业与其他行业相融合发展，共同推动舟山群岛新区社会经济的发展。舟山市可以积极探索以海洋文化为核心的旅游业发展路径，推动海洋文化与旅游业的融合发展，加大对旅游景区、旅游商品、旅游演艺等方面的投入力度，推进与“一带一路”沿线国家和地区之间的旅游合作，重点推进舟山群岛新区文旅产业融合发展。以舟山群岛新区为平台，积极引进国际知名文旅企业来舟山群岛新区投资发展。鼓励和支持国内外知名文旅企业在舟山群岛新区投资建设国际知名文旅项目，不断提升舟山群岛新区文化软实力和竞争力。

（二）以旅游丰富文化，推动文化发展

1. 以旅游丰富文化

大力开发海岛文化、海洋文化、历史文化等资源，打造具有鲜明地域特色和国际影响力的舟山群岛文化品牌，传承和创新舟山群岛独特的海洋文化，以旅游丰富文化，推动文化发展。加大舟山群岛历史遗迹、文化遗址等资源的保护与利用，挖掘历史资源，开展历史建筑和历史街区的修缮保护。挖掘传统文化，依托现有非物质文化遗产项目，打造具有鲜明地域特色和国际影响力的舟山群岛文化品牌。

2. 以旅游提升城市品位

以创建国家级历史文化名城为契机，加大舟山群岛新区历史建筑、文物古迹、非物质文化遗产等保护力度，加快推进历史街区和渔港文化区的保护和改造工程，恢复一批传统渔港和渔业生产场所。加快推进国家级海洋生态文明建设示范区、舟山群岛新区全域旅游示范区建设，推进海洋公园和海岛文化旅游项目的建设。积极发展以海岛旅游为龙头的现代服务业，加快建设游艇码头、海洋特色小镇等特色旅游项目。加强全域旅游规划建设管理，提升城市旅游接待能力。

（三）以旅游深化文化，厚植文化底蕴

深入挖掘舟山群岛新区的历史文化、人文精神，突出海洋文化、渔俗文化和佛教文化等特色，使之与现代旅游产业、现代服务体系相融合。以“海上丝绸之路”文化带、佛教文化带建设为核心，打造海洋文化旅游品牌，以大花园建设为契机，开发新产品，突出海上丝绸之路文化和海洋文化。大力开发和培育海洋旅游产品体系。加强对舟山群岛新区宗教旅游的规划引导，特别是对普陀山等重要宗教文化遗产的整合和开发，发挥其在“海上丝绸之路”和佛教文化旅游中的品牌效应。重点建设海上丝绸之路历史文化观光旅游区，打造一批精品旅游线路和重要节点景点。加强对普陀山岛、桃花岛、

嵊泗列岛等海岛的整体规划，加强海岛整体环境的保护与开发，重点发展观光、休闲、度假等高端旅游产品，打造具有国际影响力的海岛风情旅游目的地。

舟山市依托海岛特色资源，打造国际旅游岛文化旅游品牌，把舟山群岛新区建设成为全国乃至世界重要的海洋文化旅游目的地。丰富海洋文化内涵，充分挖掘舟山群岛新区深厚的海洋文化底蕴，深入挖掘海洋历史、故事和传说，进一步开发、利用好舟山群岛新区丰富的海洋资源。坚持创新发展，不断提升舟山群岛新区旅游产业发展水平，充分发挥舟山群岛新区的文化旅游资源优势。积极探索“互联网 +”时代背景下旅游与文化的融合发展新模式，运用互联网平台、新媒体传播等手段，提高舟山群岛新区旅游的影响力和知名度。

三、加大宣传力度，打造具有海洋文化新区特色的旅游品牌

舟山群岛新区的文化资源、旅游资源是其他城市无法比拟的。尤其是海洋文化资源，它不仅蕴含着丰富的历史文化价值，而且也蕴含着巨大的经济价值。舟山渔场是中国四大渔场之一，渔业资源十分丰富，可以说舟山群岛新区在海洋文化的开发利用方面具有得天独厚的条件。要充分发挥舟山群岛新区的特色海洋文化优势，加强宣传和营销，形成具有舟山群岛新区特色的旅游品牌。

（一）做好宣传工作

充分利用传统媒体与新媒体平台，加强对舟山群岛新区特色海洋文化资源的宣传力度。发挥主流媒体作用，在电视、报纸、杂志、广播等传统媒体上开展舟山群岛新区海洋文化旅游发展主题宣传和专题报道，使舟山群岛新区海洋文化旅游品牌深入人心。利用新媒体平台，在微博、微信公众号、抖音等平台上开设“舟山群岛”旅游栏目，发布相关新闻信息，加大对舟山群岛新区旅游景点、旅游线路的宣传力度。利用抖音短视频平台开展网络直播

活动，带动旅游产品销售。通过网络短视频平台与旅游企业合作开展推广活动，如拍摄发布舟山群岛新区风景秀丽的海岛风光视频、风土习俗表演视频等进行推广。

（二）发挥文化优势

充分挖掘和利用舟山群岛新区具有特色的海洋文化资源，并结合其丰富的历史文化资源和深厚的人文底蕴进行开发利用，使舟山群岛新区成为全国具有较强吸引力的海洋文化旅游目的地。依托深厚历史文化资源和人文底蕴打造系列海洋文化主题项目和旅游品牌。例如，舟山博物馆通过展示丰富的海洋文化相关藏品，打造海洋文化主题项目，成为展示舟山海洋文化的重要窗口。

（三）加强产业融合

将舟山群岛新区的海洋文化与其他行业融合发展是当前及未来舟山群岛新区旅游产业发展的重要方向之一。以海洋文化为纽带，融合其他行业发展旅游产业；在重点景区建设中增加海洋文化元素和内容；充分利用旅游业带动其他行业发展；将旅游业与农业、渔业、工业、房地产业等相关产业进行深度融合发展；通过举办各类旅游节、文化节等活动提升舟山群岛新区旅游业的知名度和美誉度；将舟山群岛新区独特的海洋文化融入旅游产品中去，增强舟山群岛新区旅游业的竞争力和吸引力。

四、完善旅游基础设施建设，提升舟山群岛旅游景区品质

（一）加强交通基础设施建设

加强交通基础设施建设是推动旅游业高质量发展的重要措施之一。舟山地区正在加快完善多个港区和旅游码头的建设，以提升旅游集散中心的服务能力和环舟山群岛公路的建设。

舟山市普陀区正在对沈家门港进行美化、亮化工程，包括渔业保障中心码头区块和中沙头渔用码头区块等八个区块的改造，这将有助于提升沈家门渔港的旅游品质和环境。此外，半升洞客运站场的加快建设以及智能立体停车库的投用，也进一步提升了沈家门渔港的旅游服务。

在嵊泗县，计划建设车客渡码头及相应的交通旅游集散中心，以提高交通客运场站和码头的接待能力，促进嵊泗经济社会和旅游业的发展。嵊泗中心渔港（新港区）二期建设工程也已经完成总体竣工验收，该项目包括新建多个渔业码头泊位和渔政船码头泊位，进一步完善了渔港的基础设施条件。

金塘港区的大浦口集装箱码头工程已经全部建成，进一步提升了金塘港区的作业能力，有助于宁波舟山港打造世界一流强港。此外，金塘东堠车渡码头工程的建设将改善舟山陆路通道环境，提升旅游交通形象。

舟山本岛环岛公路和其他跨海大桥项目的建设也在推进中，如舟山跨海大桥和六横公路大桥二期等，这些项目将连接多个岛屿，形成更加完善的交通网络。

通过加快完善沈家门港区、金塘港区、朱家尖港区、岱山港区、嵊泗新港区等旅游码头的建设，推进旅游集散中心建设和环舟山群岛公路建设，舟山地区将显著提升其交通基础设施水平，从而更好地支持旅游业的发展。

（二）加快推进智慧旅游建设

在游客服务中心配备智慧导游系统，实现旅游信息查询、预约售票、预订酒店等功能；在旅游景区内配备游客自助导览系统，方便游客获取旅游信息；在重要节点配备高清摄像机等设备，对重点区域和敏感区域进行实时监控；加强与交通、气象等部门合作，实现公共交通智能化；开发和应用自助购票设备，设置自助售票机及售票窗口，鼓励通过“网上购票 + 自助购票机”模式完成电子客票的购票；实现各景区景点的客流引导和实时监控。

（三）加大政策扶持，建立发展基金

积极争取国家和省级旅游发展基金，设立旅游专项发展基金。建立旅游

项目开发风险补偿机制，由政府和金融机构共同出资，建立旅游项目风险补偿机制。市财政设立文化旅游发展专项资金，创新设立“星辰大海”专项资金，积极引导社会资本进入旅游业，促进旅游业转型升级。

（四）发展文化旅游，打造品牌效应

浙江舟山在发展文化旅游和打造品牌效应方面采取了多种策略，以提升其作为旅游目的地的吸引力和知名度。

舟山市通过全域旅游理念引领多规合一，完善城市建设，推进产业融合，逐步实现从单一景区景点建设向综合目的地统筹发展的转变。这种全域旅游模式不仅提升了城市整体形象，还促进了旅游业与其他产业的深度融合。

舟山市积极打造精品文旅线路，展示海岛城市的文化魅力。例如，舟山市在 2023 年 5 月打造了全长 100 多千米的“东海百里文廊”，串联起定海古城等 8 个镇（街道），规划了四条独具特色的精品文旅线路。这些线路不仅丰富了旅游产品，还增强了游客的体验感。

此外，舟山市还通过数字化改革推动海岛旅游发展。舟山市深化海岛智慧文旅建设，积极开展“浙江海岛公园大数据应用系统”试点，通过数字赋能，推进海岛旅游供需精准匹配，促进全域旅游高质量发展。

舟山市注重品牌效应的提升，通过国际性大会的品牌效应提升区域旅游知名度的“舟山模式”，在国内外树立了良好的品牌形象。同时，舟山市也在积极塑造国际海岛旅游大 IP，实现品牌溢出效应。

舟山市积极开发多元化的旅游产品，如海岛民宿、运动健康、海鲜美食、渔家风情、文化旅游和禅修体验等，取得了重大突破。这些多元化的旅游产品不仅丰富了旅游市场，还提升了游客的参与度和满意度。

浙江舟山通过全域旅游理念、精品文旅线路、数字化改革、品牌效应提升以及多元化旅游产品开发等多种措施，成功打造了具有独特魅力和吸引力的文化旅游品牌，推动了旅游业的高质量发展。

舟山市加快建设“海上丝绸之路”旅游目的地，培育海上丝绸之路文化

旅游线路。积极打造区域特色品牌，提升海洋文化软实力。加强与“一带一路”沿线国家和地区的旅游项目合作，形成与东盟、日韩、欧美等国家和地区的多层次交流合作格局，深化文化旅游交流与合作。依托“一带一路”倡议，加强与沿线国家和地区在海洋旅游方面的合作，建设海上丝绸之路旅游合作组织，探索“一带一路”沿线国家和地区间旅游资源共享、产品互推、市场互动等方式，拓展海上丝绸之路旅游线路。依托现有海洋文化基础和旅游资源优势，打造“海上丝绸之路”国际海上文化旅游品牌。加强与沿线国家和地区的文化交流与合作。

（五）引进社会资本，实现共富模式

1. 大力培育旅游市场主体

进一步加大招商引资力度，引进具有较强实力和创新能力的旅游企业，不断壮大旅游市场主体力量，同时鼓励民营企业积极参与旅游资源开发，通过联合开发、合作开发、委托开发等方式，形成合理的旅游投资格局。鼓励民间资本组建或参股旅行社、星级饭店、旅游演艺、旅游景区等市场主体。引导民间资本参与海岛振兴战略实施，鼓励民间资本通过直接投资、参股经营、联合投资等方式参与乡村旅游开发，鼓励社会资本通过直接投资或参与运营管理等方式，将资金投向特色产业发展，推进海岛旅游与精准扶贫相结合，促进农民增收致富。

2. 创新发展旅游投融资机制

创新金融产品和服务方式，鼓励金融机构加大对海岛旅游项目的支持力度；在依法合规的前提下，设立乡村旅游发展基金和专项资金，引导社会资本参与乡村振兴战略实施；探索建立政策性贷款担保机制和风险补偿机制；支持符合条件的海岛地区集体经济组织发行企业债券，用于海岛旅游产业建设。

3. 探索社会资本参与海岛建设新模式

积极探索“政府引导、企业运营、市场导向”的开发模式，充分发挥市场在资源配置中的决定性作用，进一步调动社会资本投入海岛建设的积极性；鼓励社会资本采取 PPP 模式参与投资建设、运营管理、产业融合发展等领域，通过引入社会资本推进项目建设和运营管理升级转型；鼓励社会资本成立旅游投资公司或建设管理公司，通过市场化方式参与发展战略实施；鼓励企业采取投资入股、合作经营等方式参与投资海岛基础设施和公共服务设施建设，或以 PPP 等模式参与海岛旅游资源开发利用；鼓励企业采取合资合作、租赁经营等方式参与开发经营农民住房和乡村旅游项目。

（六）加快人才引进，发挥人才作用

1. 加大旅游人才培养力度

落实国家级、省级相关人才计划，鼓励社会力量参与旅游行业人才培养；制定行业领军人才培养计划实施细则，建立领军人才梯队，定期开展培训交流活动；围绕全市旅游业发展实际需求，以“政府+院校+企业”为主要模式，实施旅游行业领军人才培养计划，着力培养一批具有创新精神和国际视野的旅游行业领军人才；实施旅游专业技术人才提升计划，支持旅游专业技术人员参加相关职业资格考试。

2. 健全人才激励机制

鼓励支持旅游行业管理和服务人员在舟山群岛旅游业发展中贡献才智、建功立业。加大对旅游业优秀企业家的奖励力度，对作出突出贡献的企业家予以表彰。

五、大力发展舟山群岛新区的智慧旅游，提高游客满意度

利用信息技术，在舟山群岛新区大力发展智慧旅游，逐步建立一系列完善的旅游信息平台，包括旅游企业的信息平台、游客和政府的旅游信息平台，

在政府、企业和游客之间建立一个可以互动的交流平台，为游客提供更加人性化的服务。首先，应大力发展智慧旅游。建议在舟山群岛新区设立统一的智慧旅游公共服务平台，加大旅游公共信息的互联网采集和运用，可以通过移动设备、自助服务终端和大数据分析等技术手段为游客提供便捷高效的旅游服务。其次，应加快景区智慧化改造。在景区建设智慧化应用系统，实现“互联网 +”智能管理，提高游客满意度。此外，还应充分利用移动互联网等新技术提高游客的安全保障水平。例如，应建立全灾种、全领域、全覆盖的紧急救援机制和安全应急体系，通过移动应用程序等智能技术提高应急管理效率。

第五章　共同富裕背景下舟山群岛旅游与生态环境协调发展的总结与展望

舟山群岛作为中国东海海域的一部分，具有得天独厚的自然资源和独特的生态环境。在共同富裕背景下，舟山群岛积极探索海岛旅游与生态环境协调发展的实践与创新，取得了一定的成果。

首先，舟山群岛注重保护生态环境。通过建立海洋生态保护区和禁渔区，增加海洋保护的力度，有效保护了海洋生态系统的完整性和稳定性；另外，舟山群岛还推行海岛垃圾分类和资源化利用，减少了对生态环境的污染；其次，舟山群岛积极发展海岛旅游。以岛屿旅游为核心，通过提供丰富多样的旅游产品和服务，吸引了大量游客前来观光旅游；同时，舟山群岛还注重挖掘和传承本地文化，将文化元素融入旅游产品中，满足游客的多样化需求。

在未来，舟山群岛可以继续在海岛旅游和生态环境协调发展方面进行创新和实践，进一步提升其发展水平和品质。首先，加强海洋生态保护。进一步完善海洋保护区和禁渔区的建设，加强生态监测和管理；其次，舟山群岛可以致力于提升海岛旅游的品质和吸引力。通过开发特色海岛景点和推出多样化的旅游产品，吸引更多游客前来体验舟山独特的海岛风情；同时，加快建设旅游基础设施和提高服务水平，提升游客的体验感受，让他们在舟山群岛留下美好的回忆；此外，舟山群岛还可以加强海洋文化的传承和挖掘。海洋文化是舟山群岛的独特资源，可以通过举办海洋文化节、推广海洋文化艺术品等方式，让更多人了解和喜爱舟山的海洋文化，从而增强对海洋环境的保护意识和责任感；在推动舟山群岛旅游与生态环境协调发展的过程中，政府、企业和社会各界应该密切合作，形成合力。政府部门可以出台更加具体和有力的政策措施，引导企业和居民积极参与到海岛旅游和生态保护中来；同时，企业应该注重社会责任，不仅要追求经济效益，更要关注环境保护和社会效益，实现经济增长与生态平衡的良性循环。

总的来说，在共同富裕背景下，舟山群岛致力于海岛旅游与生态环境协调发展，取得了一定的成果，但仍然面临着一些挑战和问题，需要持续努力和改进。希望舟山群岛能够在未来的发展中保持创新精神，不断完善机制，实现海洋生态保护与旅游发展的良性互动，为舟山群岛的可持续发展和共同富裕做出更大的贡献。

第一节　舟山群岛在海岛旅游与生态环境协调发展方面的实践经验总结

海岛旅游作为我国旅游业的重要组成部分，在促进海岛经济发展和提高人民生活水平方面发挥着越来越重要的作用。近年来，国家出台了一系列支持海岛旅游发展的政策，浙江省舟山群岛新区作为海岛开发开放的重要阵地，以旅游发展促进经济转型升级。舟山群岛新区作为我国首个以海洋经济为主题的国家战略层面新区，以旅游为先导，以海洋经济为支撑，依托自身独特的地理位置和自然资源优势，在海岛旅游开发与生态环境保护之间找到了一个最佳平衡点。通过总结舟山群岛新区在海岛旅游与生态环境协调发展方面的实践经验，希望能够对其他地区实现旅游业与生态环境协调发展提供一定的借鉴意义。

一、坚持保护与开发并重

舟山群岛新区在开发建设过程中始终坚持保护优先，以保护为前提、以开发为动力，做到保护与开发并重，努力实现旅游与生态环境的协调发展。具体来讲，舟山群岛新区在进行旅游开发建设之前，往往先对其生态环境进行一系列调查、评估和论证，对生态环境问题进行识别，明确其对生态环境的影响程度。在此基础上，对旅游项目进行科学评估，并将评估结果与开发利用决策相结合，为下一步的旅游项目开发提供重要依据。例如在海岛旅游项目的规划过程中，充分考虑当地的气候、地形、水文等因素，对可能对生态环境造成不利影响的项目坚决予以否决；在海岛旅游项目建设过程中，充分考虑当地生态环境承载力等因素，避免对生态环境造成污染或破坏；在海岛旅游项目运营过程中，制定相应的环保措施和政策法规，加强对游客、工作人员及当地居民的环保教育。舟山群岛新区通过这些措施有效地控制了旅游开发对生态环境造成的负面影响。与此同时，舟山群岛新区通过旅游项目的开发建设促进了当地经济的发展，增加了居民收入，提高了当地居民生活水平，实现了旅游业与生态环境的协调发展。

二、积极推进全域旅游

舟山群岛新区充分利用自身海洋资源，以海岛为依托，以旅游为先导，将群岛新区内的主要景点、景区、乡村和城镇作为一个整体，积极推进全域旅游发展，促进旅游业与其他产业融合发展。在具体实践中，舟山群岛新区依托海岛生态资源，以打造国际海洋生态岛为发展目标，积极推进全域旅游发展。近年来，舟山市将旅游开发与美丽乡村建设结合起来，一方面利用海岛生态资源优势开发特色民宿等旅游产品；另一方面利用海洋优势开发以海岛为主题的系列休闲度假产品。目前，普陀区普陀山镇、嵊泗县嵊山岛、嵊泗县花鸟岛、普陀区六横岛等区域美丽乡村建设已初见成效。

舟山群岛新区依托海岛的独特魅力和旅游资源，通过合理的规划和布局实现了全域旅游发展。自 2014 年以来，舟山群岛新区规划建设了多个海岛风情旅游小镇以及各类海岛主题度假区。目前已形成以海洋为特色的国际旅游目的地和以海岛为特色的海洋休闲度假胜地两大品牌。在此基础上，舟山群岛新区还积极推进农旅、文旅等多领域的融合发展。例如，在发展海岛民宿产业的同时，积极打造集垂钓、美食、购物、休闲娱乐为一体的海岛休闲度假模式，推进民宿产业与旅游产业联动发展，积极打造民宿产业小镇，让游客体验到更加丰富的海岛生活。

（一）打造精品旅游线路

舟山市在加快推进海洋旅游业发展的同时，不断提升旅游业的整体形象和服务质量。其中，打造海岛精品旅游线路是促进旅游业与其他产业融合发展的重要举措。为推进旅游线路的建设，舟山群岛新区主要从交通、住宿、餐饮等方面入手，积极打造了一系列精品旅游线路。例如，依托普陀山岛、嵊泗列岛、花鸟岛、朱家尖等重点旅游景区，开发了海岛一日游、两日游产品；依托海岛民宿和酒店，开发了海岛度假游产品。此外，还积极开发集休闲度假、科普教育于一体的海岛体验游产品，如以舟山国际海洋生态岛为基地的“一带一路”研学游产品等。

1. 建设跨区域旅游交通网络

舟山群岛新区以打造“一小时经济圈”为目标，努力构建便捷的跨区域旅游交通网络。目前，舟山正在推进海陆空联动发展，全面加快宁波舟山港一体化进程，积极推进杭绍甬高速公路和甬舟铁路建设，争取早日实现沪甬跨海铁路开工建设，构建舟山与宁波的快速直达通道。同时，加快推进海铁联运，完善城市轨道交通、公交线网等交通设施，实现客运与货运的无缝衔接。此外，舟山群岛还大力发展港口集疏运体系建设，提高旅游景区港口、码头的通行效率，积极构建旅游集散中心体系，加强旅游景区之间的交通网络衔接。目前已建成以“一岛一港”为核心的环岛旅游公路和海上旅游航线等旅游交通设施。

2. 打造特色精品旅游线路

舟山群岛新区充分发挥海岛特色资源优势，开发了诸多环岛旅游线路，包括舟山国际海洋生态岛、朱家尖、嵊泗列岛、岱山岛等海岛在内的环普陀山旅游线路；以普陀山为核心，串联朱家尖、朱家尖东沙景区、普陀山风景区、朱家尖南沙景区等在内的环沈家门旅游线路；以花鸟岛为核心，串联沈家门渔港景区、嵊泗列岛等在内的环花鸟岛旅游线路；以桃花岛为核心，串联东极岛和朱家尖灯塔等在内的环东极岛旅游线路；以“普陀印象”为核心，串联普陀寺、普济禅寺等景点在内的环普陀佛教文化旅游线路等，形成了各具特色的海岛旅游线路。

（二）发展精品旅游民宿

舟山群岛新区在发展海岛民宿产业方面，注重利用海岛的生态优势，以生态文明理念指导民宿建设，强调对海岛自然资源的保护和合理利用。根据当地的自然环境、历史文化、民俗风情等条件，合理布局民宿数量和规模，打造一批具有海岛特色和风格的精品民宿。同时，通过“政府主导、企业主体、群众参与”的方式，鼓励和引导当地居民积极参与民宿建设。以普陀区朱家尖为例，该地区是舟山群岛新区的旅游集散中心，也是舟山群岛新区的主要旅游接待地之一，在朱家尖镇海岛民宿建设过程中，当地政府将产业发展与生态保护结合起来，力推民宿生态经济，实现绿色发展。

（三）开发特色旅游商品

舟山群岛新区自然资源丰富，为发展旅游商品提供了得天独厚的资源优势。近年来，舟山群岛新区以开发特色旅游商品为抓手，积极推动旅游商品的研发和销售。目前，舟山群岛新区已形成了舟山带鱼、舟山金塘李子、普陀佛茶、登步黄金瓜、舟山三疣梭子蟹、金塘李、岱山海盐、舟山竹节虾、舟山鲳鱼、岱山食盐、三矾海蜇、皋泄晚稻杨梅、咸肉蒸白蟹等特色商品。舟山群岛新区还在旅游商品开发过程中注重文化内涵的挖掘，融入了地方民俗文化、海洋文化以及历史文化等元素。例如，普陀区普陀山镇充分利用自身独特的海岛民俗风情和渔家饮食文化，开发了具有代表性的“海天佛国”“普陀渔俗”“渔家美食”等系列旅游商品；嵊泗县花鸟岛依托当地的风土民情和海洋文化资源开发了一系列具有海岛特色的休闲度假产品。

（四）完善旅游配套设施

目前，舟山群岛新区的旅游配套设施不断完善，除了已经建成的岱山、普陀山、朱家尖、沈家门四个主要旅游中心外，还在积极完善其他一系列旅游配套设施。例如，加快建设沈家门邮轮港、渔港等项目，打造集商务会议、休闲度假等功能于一体的旅游度假基地；加快建设朱家尖游艇码头等项目，打造集游艇、游船和帆船运动于一体的水上运动基地；加快建设朱家尖客运码头，打造集观光、购物、餐饮等功能于一体的海上休闲娱乐中心。

三、加快发展海洋经济

近年来，舟山市通过推动海洋产业转型升级、推动海洋资源绿色开发、促进海洋科技创新进步等途径，大力发展海洋经济。

（一）调整产业结构，发展海洋新兴产业

通过提升传统产业、加快淘汰落后产能，积极发展高端制造业，提升传统产业的技术水平和竞争力；通过加快海洋新兴产业的培育和发展，引导优势企业向海洋经济领域集中，实现产业集聚化发展；通过开展资源整合，提高资源利用率，降低产品生产成本，延伸产业链，实现产业化发展。

（二）促进临海工业发展

临海工业是舟山群岛新区的支柱产业之一，为促进临海工业的发展，舟山市制定了《关于加快推动制造业高质量发展的若干意见（2023—2025）》等一系列扶持政策和措施，积极推进临海企业增资扩产和技术改造，全面落实用地优惠政策，深化国际合作。

（三）加大海洋环境保护力度

为保护海岛生态环境，舟山市严格落实海域使用论证资质管理和环境影响评价制度；建立健全海洋生态补偿机制和生态损害赔偿机制；通过开展增

殖放流、沿海海域生态修复等多种方式保护海洋生态环境；加大对违规违法围填海行为的查处力度，实施海域动态巡查制度等。

四、推动绿色生态转型

舟山群岛新区在发展旅游业的过程中，坚持“绿水青山就是金山银山”的理念，坚持以生态为本底，积极推进绿色转型，打造低碳经济发展模式。一是大力推进节能减排和生态环境保护工作，积极开展生态文明示范区建设；二是全面推进清洁生产，积极推广清洁能源；三是大力发展低碳经济、循环经济和生态经济；四是大力发展海洋生态旅游产业。在海岛开发过程中坚持走绿色生态之路，注重保护和修复生态环境。

（一）注重生态保护，建设绿色生态屏障

舟山群岛新区注重保护和修复生态环境，加快建设绿色生态屏障。

一是坚持以海洋环境保护为重点，严格落实海洋生态红线制度，把良好的海洋生态环境作为最普惠的民生福祉；二是深入开展“碧海行动”，着力提升海岛海域水环境质量，全面完成国家级海洋生态文明示范区建设任务；三是加快推进“花海彩林”建设，持续巩固国家森林城市创建成果，高质量推进“森林舟山”建设；四是强化林业资源保护和管理，积极开展森林资源培育，持续推进国家级自然保护区建设；五是以创建国家生态文明建设示范区为契机，加强海洋生态文明制度建设，创新海洋生态补偿机制，探索建立以国家公园为主体的自然保护地体系；六是加大对海岛旅游资源开发保护力度，加强海岛旅游规划和环境影响评价制度建设，完善海岛旅游环境质量监测系统建设，进一步加强对海岛旅游的管理和监督。

（二）坚持科学规划，提高资源利用效率

舟山群岛新区在发展旅游业过程中，坚持科学规划，提高资源利用效率。

一是坚持整体规划，系统设计，对全域旅游资源进行综合统筹规划。如

舟山国土空间总体规划“一核两带三区”的空间布局结构，全域旅游稳步推进“一核一轴两圈多岛连线”旅游空间格局基本形成；二是坚持市场导向，科学合理地进行旅游资源的开发。舟山群岛新区在进行旅游开发时，坚持以市场为导向，根据消费者需求合理开发旅游资源，对旅游资源进行优化整合，形成以海洋生态为核心的特色旅游产品体系；三是坚持统筹协调，科学管理，合理配置旅游资源。在舟山群岛新区旅游业发展过程中，积极探索“政府引导、企业主体、市场化运作”的投融资体制机制创新，在管理上实行“一张网”的全域旅游管理模式，在运营上推进“一本账”的运营机制改革；四是坚持以人为本，统筹城乡发展。舟山群岛新区在发展旅游业过程中坚持以人为本，统筹城乡发展，着力构建城乡一体、协调发展、优势互补、共建共享的新格局。在规划中突出休闲度假功能，使舟山群岛新区成为宜居宜游的“大花园”和长三角休闲度假目的地。

（三）坚持绿色发展，打造蓝色海湾样板

舟山群岛新区在发展旅游业的过程中，坚持以生态为本底，积极推进绿色发展，打造蓝色海湾样板，为全国海洋旅游开发提供可复制、可推广的经验。这一战略不仅体现在对海洋生态保护的重视上，还通过一系列具体措施和项目来实现。

舟山群岛新区积极推进“海上森林”建设工程，加强海洋生态修复。例如，通过种植红树林、建设海洋生态廊道等措施，提升海岸生态防护能力，遏制滨海湿地资源退化和生态环境恶化，恢复湿地原有生态功能。这些举措不仅有助于净化水质，促进养殖业健康高质量发展，还能增强海洋生态系统抵御自然灾害的能力。

舟山群岛新区在推进海洋生态保护与修复方面采取了多项措施。例如，实施重大海洋生态保育工程，推进受损海岛及周边海域生态系统修复，实施渔业资源养护、湿地保护与修复和海域生态保护计划。此外，舟山还设立了带鱼等种质资源保护区、增殖放流保护区和人工鱼礁建设区，加大重要经济

动物繁殖、索饵、洄游与栖息地保护力度。

在制度和法治保障方面，舟山群岛新区坚持实行最严格的制度和最严密的法治，以确保生态文明建设的可靠保障。例如，《浙江省海洋生态环境保护“十四五”规划》《舟山市 2022 年治水治污工作实施方案》等一系列政策文件，为海洋城市建设提供法治保障。

舟山群岛新区还注重典型示范作用，通过一些生态示范工程引领全市生态环境示范区的创建。例如，普陀区“蓝色海湾”整治项目以“湾（滩）长制”为抓手，组建管理队伍，对 37 个重点湾（滩）实现监控覆盖，从而形成海湾管理长效机制。这些示范项目不仅提升了生态环境质量，还为其他地区提供了可复制、可推广的经验。

舟山群岛新区通过一系列具体措施和项目实施，在海洋生态保护和修复方面取得了显著成效，为全国海岛旅游开发提供了宝贵的经验和模式。

五、加强生态环境保护

舟山群岛新区依托自身独特的地理位置和自然资源优势，以旅游业为先导，大力发展海洋经济。在进行旅游开发的过程中，注重对生态环境的保护，坚持“适度开发、科学发展、生态优先、因地制宜”的原则。一是建立健全海洋生态保护补偿机制和海洋环境损害赔偿机制；二是加强旅游企业环保意识的提升和对环保措施的监督管理，积极推行清洁生产，加强对海洋环境的监测和管理；三是在保护海岛生态环境的基础上，开展海岛旅游活动。

舟山群岛新区在旅游开发过程中坚持科学规划、合理布局、绿色发展，注重开发与保护相结合的原则。同时，不断完善海岛旅游基础设施建设，提高海岛旅游公共服务水平，健全海岛旅游相关法律法规体系和监管体系，加大对生态环境保护的投入力度，增强全社会的生态环保意识和参与意识，推进生态文明建设。

六、小结

本节总结了舟山群岛在海岛旅游与生态环境协调发展方面的实践经验和启示。通过对舟山群岛的旅游资源和生态环境的分析，我们发现舟山群岛在海岛旅游发展中取得了一定的成功经验，但也面临着一些挑战。

舟山群岛拥有丰富的海岛旅游资源，如美丽的海滩、独特的海洋生态系统和丰富的海洋文化。这些资源为舟山群岛的旅游业发展提供了良好的基础。此外，舟山群岛积极推动生态旅游的发展，这一做法既满足了游客的需求，也保护了舟山群岛的生态环境。然而，舟山群岛在海岛旅游发展中也面临着一些挑战。舟山群岛的海岛旅游资源丰富，吸引了大量的游客，导致了环境的破坏和压力的增加。此外，舟山群岛的旅游业发展还面临着交通不便、基础设施不完善等问题，限制了旅游业的进一步发展。

基于此，本文提出了以下几点启示和建议：

一是加强环境保护和生态修复工作。舟山群岛应加大对海岛旅游资源的保护力度，采取措施保护和修复受损的生态环境，确保旅游业的可持续发展；二是改善交通和基础设施建设。舟山群岛应加大对交通基础设施建设的投入，提高交通便利性和基础设施的完善程度，提升旅游业的竞争力；三是推动旅游业与生态环境的协调发展。舟山群岛应加强旅游业与生态环境的协调发展，通过制定合理的旅游规划和管理措施，实现旅游业和生态环境的良性互动；四是加强旅游业的品牌建设。舟山群岛应注重提升旅游产品的品质和服务水平，打造具有独特魅力和竞争力的旅游品牌，吸引更多的游客。

舟山群岛在海岛旅游与生态环境协调发展方面的实践经验值得借鉴和推广，对其他海岛旅游目的地的发展也具有一定的参考价值。通过加强环境保护、改善交通和基础设施建设、推动旅游业与生态环境的协调发展以及加强旅游业的品牌建设，可以进一步促进舟山群岛的可持续发展。

第二节　完善舟山群岛发展和对推进海岛旅游发展的建议及展望

舟山群岛新区是我国第一个国家级群岛新区，也是我国首个以海洋经济为主题的国家战略层面新区，新区建设战略意义十分重大。自 2011 年 6 月国务院正式批复设立以来，舟山群岛新区发展势头迅猛，成为我国东部沿海经济增长速度最快、增长质量最高、发展后劲最强的地区之一。新区的建设是舟山海洋经济转型发展的重要载体，也是舟山融入长三角一体化国家战略的重要支撑。但是新区建设在发展旅游与生态环境协调方面还存在着一些问题，需要我们去思考、去解决，以实现“让绿色成为舟山群岛新区发展的底色”。

一、坚持规划先行，做好“五大规划”

做好旅游规划和海岸带开发规划。要根据《浙江舟山群岛新区旅游发展总体规划》，科学布局滨海旅游产业带、海岛旅游区等主体功能区，合理划分岸线功能分区，划定生态保护红线、建设用地和永久基本农田。

做好海岛旅游空间布局规划。要依据《舟山市海岛旅游与海上运动产业发展规划（2021—2035 年）》等相关规划和文件要求，科学划定海岛旅游发展空间布局，合理安排交通、能源、通信、污水垃圾处理等基础设施和公共服务设施建设空间。要以市场为导向，加强海岛旅游产品开发与营销研究。

（一）提升海洋休闲与度假产品

浙江舟山在提升海洋休闲与度假产品方面，应采取了一系列具体措施和规划，以整合和提升现有的海洋旅游资源，推动海洋休闲度假产业的发展。

舟山市计划重点发展海洋主题酒店、游艇、帆船、邮轮等海上休闲度假产品。例如，舟山国际帆船游艇中心（基地）选址于舟山国际邮轮港码头内侧数千平方海域，游艇泊位总体设计 400 个，一期完成 200 个，并配套建设完整的帆船游艇港服务设施。此外，舟山群岛国际邮轮港已经正式开港，具备国际邮轮码头、对台直航客运码头、往返沪甬客运码头、南部岛屿旅游专线码头、环朱家尖海上游船码头五大功能。

舟山市加快培育海上运动、邮轮游艇、海岛露营等休闲度假业态，计划开辟舟山至上海及长三角的海上旅游航线，引进大型邮轮企业，推动舟山邮轮产业发展。此外，舟山市还注重丰富和完善旅游产品体系。例如，舟山市将开发观音文化、山海景观、渔村风情、滨海度假等特色旅游，并深入推进邮轮、游艇、海钓、康体、禅修等时尚旅游。舟山市还计划打造精品旅游线路，大力开发旅游新业态、新产品，提高旅游产品质量和国际化水平。

在基础设施建设方面，舟山市正在加快推进旅游设施建设，率先把普陀山岛、朱家尖岛、桃花岛、嵊泗列岛等建设成为世界级海洋休闲度假胜地。舟山市还计划加快建设休闲绿道，举办骑行、马拉松、徒步、海钓、风筝、帆船、无人机、沙滩运动等大众赛事活动，开发度假型养老产品和健康养生产品。

总体来看，浙江舟山通过一系列具体措施和规划，致力于整合和提升海洋休闲度假产品，推动海洋休闲度假产业的发展，打造国际著名的群岛型海洋休闲旅游目的地和世界一流的佛教文化旅游胜地。

（二）打造“海岛+”旅游新业态

要按照“互联网 +”“文化 +”的思路，把舟山群岛新区建设成为游客体验中心和休闲度假胜地，将舟山打造成为世界海岛旅游目的地；要以市场为导向，根据不同的游客需求，丰富产品体系，开发具有地域特色、文化特色和康体养生特色的海岛旅游产品；要以创建国家全域旅游示范区为契机，促进旅游业与其他产业融合发展，提升旅游业对经济社会发展的综合贡献度；要推动“互联网 +”与海岛旅游深度融合，构建旅游信息服务平台，加快智慧景区建设，构建“智能、便捷、高效、绿色”的智慧旅游体系；要将海岛生态优势转化为经济优势，发展海岛特色产业和新兴业态；要积极探索海岛旅游新模式新路径，丰富海岛旅游业态，推动海岛传统景区向主题公园、文化景区转型升级，积极开发海上运动、潜水等海洋新兴业态。

（三）推动“旅游+”的融合发展

充分发挥旅游业带动作用，推动文化、旅游、农业、体育等产业融合发展，不断丰富旅游产品体系。要立足舟山群岛新区滨海旅游产业带的基础条件，充分发挥舟山海岛旅游资源的特点和优势，促进海岛旅游与其他产业的融合发展，着力培育一批以旅游业为主导，集海洋捕捞、海水养殖、海洋产品加工销售、海岛休闲度假于一体的特色产业集群。

要注重旅游业与农业的融合发展，大力推进农业与旅游业的深度融合，充分挖掘舟山群岛新区乡村旅游资源，提升休闲农业和乡村旅游的档次和水平；要注重旅游业与文化的融合发展，把海洋文化作为舟山群岛新区旅游开发建设的重要内容。要大力推进海洋文化产业建设，做大做强舟山海洋文化产业基地，着力打造一批以海洋为主题的创意文化园区、产品和服务品牌；要注重旅游业与体育产业融合发展，大力发展滨海休闲运动和养生度假项目；要注重旅游业与工业经济融合发展，积极引进一批工业旅游项目，如工业主题公园、工业博物馆、工业科技博览园等；要注重旅游业与农业经济融合发展，大力开发渔业生产观光、海上休闲渔业、海水养殖观赏、水产加工和销售等特色旅游产品；要注重旅游业与其他产业融合发展，大力发展休闲观光农业、乡村民宿经济、海洋体验经济等新业态；要注重旅游业与其他消费经济融合发展，积极发展海岛休闲度假消费市场。

（四）完善海岛基础设施规划建设

要结合新区产业结构调整和城市规划布局，通过政府主导、市场运作、企业参与等多种形式，加强旅游基础设施和公共服务设施建设。

在交通设施建设方面，重点加强高速公路、铁路、机场等交通基础设施建设，提高旅游交通运输能力，构建便捷、安全、高效的综合交通运输体系；在旅游餐饮服务方面，积极推广旅游饭店星级评定标准，促进饭店餐饮服务质量提升；在休闲娱乐设施建设方面，加快推进旅游休闲娱乐基础设施建设；在公共服务设施建设方面，要加强城镇基础设施和公共服务设施的配套建设，完善城镇居民生活配套功能，提高城镇整体品位，加快推进污水垃圾处理体系建设，加强饮用水水源地保护和水源地达标建设，加快实施生态环境监测预警体系建设。

（五）打造海岛生态旅游核心品牌

舟山市通过实施“生态护岛”工程，落实海岛生态安全，推进海岛生态保护与修复，并打好污染防治攻坚战。此外，舟山还依托普陀山国家级风景名胜区、桃花岛、东极岛等丰富的海岛及滨海旅游资源，大力发展海岛休闲旅游业，创新发展海岛民宿、运动健康、禅修体验等特色旅游产品。

舟山市还注重提升海洋生态文化价值，开发以渔业、海防、大桥等为主题的研学产品，推进基本公共文化服务标准化和数字化。通过挖掘海洋生态文化内涵，提炼海洋生态文化核心价值，倡导节地节水节能等理念，逐步形成独特的海洋生态文化体系。

为了进一步提升旅游品牌的知名度和影响力，舟山市深化了“海天佛国、渔都港城——中国·舟山群岛”主题形象品牌的建设，完善旅游品牌 VI 设计，在对外政务商务、经济文化交流、国际会议赛事中统一使用品牌元素。同时，舟山市还积极举办国际海岛旅游大会、中国海洋文化节、南海观音文化节等大型展会和节庆活动，不断发挥节事赛事带动效应。建设一批生态良好的精品旅游岛和生态型海洋公园，如舟山长乔海洋国际旅游度假区，该度假区以极地海洋、雨林生物为核心资源，拥有全球首创的雨林生态动物公园和超大规模室内海洋公园。这些项目不仅丰富了旅游产品种类，也提升了舟山的国际知名度和影响力。

舟山市在打造海岛生态旅游核心品牌的过程中，坚持生态优先的原则，通过科学规划和严格保护，努力实现海岛生态保护与旅游发展的协调统一，逐步形成了具有独特魅力的海岛生态旅游品牌。

二、强化生态保护，处理好“两个关系”

（一）处理好“旅游开发”与“保护环境”的关系

海岛旅游开发应在保护环境的前提下进行。对自然景观和文化遗产进行保护性开发，不仅要将其建成能吸引游客的景区景点，还要对其周围生态环境进行修复，使其保持原始生态特征。要让游客在海岛旅游过程中得到最大的满足和体验，不能以牺牲生态环境为代价换取经济效益。必须遵循自然规律，统筹兼顾，处理好经济发展和生态保护的关系。通过旅游开发提高居民收入，带动就业，推动城乡经济社会全面发展；同时通过保护改善生态环境，加强生态建设与修复，提升海洋环境承载力，确保海岛自然景观与人文景观协调统一。

在具体的工作中要把握好三个平衡：一是速度与质量的平衡。要立足当前、着眼长远，不断推进产业结构调整、基础设施完善、环境治理保护等工作；二是旅游开发与生态保护的平衡。要在保护好生态环境的前提下开发旅游项目和建设基础设施；三是经济效益与社会效益的平衡。要坚持在保护中开发、在开发中保护，使海岛旅游开发既能发挥应有的效益，又能保护海岛自然景观和文化遗产。

（二）处理好“建设与管理”的关系

坚持建设与管理并重，不断提升海岛旅游公共服务水平；坚持政府主导、社会参与、市场运作、科学管理、合理布局；坚持统筹规划、严格审批、强化执法；坚持因地制宜、综合整治，实现经济发展与生态环境保护的双赢。

三、打造“两大品牌”，加强宣传引导

目前，舟山群岛新区正着力打造“海上花园”“佛国福地”两大旅游品牌，而这两个品牌的核心内涵，就是生态与旅游的有机融合。建议把舟山群岛新区打造成为全国绿色发展示范区、全国海岛生态旅游目的地和长三角地区滨海度假首选地。

一是要大力加强对全社会的宣传引导，提高公众对舟山群岛新区生态环境建设的认识，让生态文明理念深入人心；二是要积极开展绿色生活方式的宣传教育活动，引导全社会参与到绿色发展中来，共同建设绿色家园；三是要充分发挥各类媒体作用，加大对舟山群岛新区生态环境建设成果的宣传报道力度，让“绿水青山就是金山银山”成为全社会的共识和行动。

（一）打造“海上花园”品牌

近年来，舟山群岛新区以海洋旅游为重点，积极推进海洋生态旅游产业发展，实施“生态＋旅游”的战略。充分利用丰富的海岛资源，大力发展生态旅游、观光旅游、休闲度假旅游等海洋生态旅游产业，以实现海洋经济与旅游业的可持续发展。加快推进海洋旅游特色镇建设。立足区域资源优势和产业基础，充分挖掘海岛文化底蕴和特色资源，以建设全国著名的海洋休闲度假旅游区为目标，积极谋划和实施一批海洋休闲度假项目，重点培育一批休闲度假社区、度假酒店和特色民宿、海岛节庆活动等项目，打造具有海岛特色的休闲度假产业。如对嵊山岛、枸杞岛、岱山岛等海岛进行统一规划、整体开发，大力发展集吃、住、行、游、购、娱等功能于一体的海洋旅游产业。以创建国家级旅游度假区为目标，加快推进朱家尖岛域建设，积极培育朱家尖北部康养禅意旅游区、西部旅游综合枢纽区、南部生态动感旅游区和东部滨海黄金旅游区四大旅游板块。

（二）打造“佛国福地”品牌

舟山市拥有丰富的佛教文化资源，有许多古老的寺庙和佛塔，其中普陀

山为我国佛教四大名山之一，佛教文化历史悠久、内容丰富、形式多样，有丰富的佛教文化资源，是我国著名的旅游胜地。普济禅寺是普陀山第一大寺，也是全国重点寺院，对研究我国佛教史有着重要意义。建议围绕普陀山佛教文化建设，开发佛教旅游产品。

一是整合普陀山寺庙资源，加大对普陀山的旅游宣传推介力度，让更多的游客走进普陀山、亲近普陀山；二是整合舟山旅游资源，打造“海上佛国”旅游品牌。充分利用舟山丰富的海岛旅游资源和自然景观资源，不断提升“海上佛国”的知名度和美誉度；三是整合舟山旅游资源，建设海洋文化主题公园。以普陀山“观音文化”为核心，打造舟山群岛旅游的新亮点。普陀山观音法界项目就是一个成功的案例，它位于东海之滨、浙江省舟山朱家尖白山山麓，与海天佛国普陀山隔海相望，集艺术展示、教学研究、国际交流以及文化展示功能于一体，是助力舟山群岛打造国际海岛休闲旅游目的地和世界佛教文化圣地的重要举措。在此基础上开发出一系列集观赏、体验、互动等功能于一体的海洋主题公园产品，把舟山打造成“佛国福地”品牌的核心载体和主要形象展示地，不断提升舟山的知名度和美誉度。

四、强化生态建设，推进生态修复

（一）完善海洋生态修复保护管理机制

1. 推进海岛生态修复的标准化管理

要针对当前海洋生态修复中存在的问题，如生态修复工程设计标准不统一、工程施工不规范等，制定相关标准规范。在此基础上，进一步完善海洋生态修复标准体系，包括制定海洋生态修复规划设计标准、施工建设标准、验收标准、养护管理标准、监测评价标准等，在保护好生态系统的前提下，提升海岛修复的科学性。同时，要建立海洋生态修复的项目化管理体系。在项目选择上，要坚持科学发展观，坚持保护优先、适度开发、合理利用的原则，遵循海洋生态系统的内在规律，有计划、分步骤地进行开发。在项目管理上，要坚持科学性和可操作性相结合的原则，尽可能制定详细的项目管理计划和具体实施方案，提高海洋生态修复工程的成功率和效益。

2. 加强海洋生态修复的科技支撑

要加强海洋生态修复保护的科技支撑，重点开展以下研究：一是针对海洋生态系统的退化，开展海洋生态修复技术和方法的研究，探索适用于海岛及沿海地区的海洋生态修复技术；二是开展海洋生态系统监测技术研究，掌握各类海洋环境因子的时空分布规律，为海洋环境监测与预警提供依据；三是开展典型海域及典型生态系统的长期定位观测研究，掌握其结构、功能变化规律及对环境变化的响应机制；四是开展海洋生态修复技术研究，建立海水养殖、渔业资源保护与增殖放流等海洋生态修复工程技术标准和规范；五是加强生态修复工程效果评价研究，建立基于自然的生态修复模式，提高生态修复工程的效益。

（二）完善海洋环境监测体系

建立多层次、多要素、覆盖全面的海洋环境监测体系。加强对重点海域、敏感水域、重大工程建设区域的环境监测，及时掌握海洋环境状况和变化趋势，为海洋管理与决策提供科学依据。针对海洋环境监测的特殊性，制定一系列具有地方特色的海洋环境监测技术规范和标准。建立统一的海洋环境监测信息发布机制，定期发布舟山群岛海域环境质量公报，增强公众对舟山群岛海域环境质量的知情权。加强对海岛生态系统的调查研究，建立海岛生态系统动态变化模型和数据库，为海岛生态修复提供决策依据。加强对重要海岛生态系统的监测研究，掌握其资源与功能变化规律，建立相应的预警预报体系。开展重要海岛及其周边海域生态系统、生物多样性的调查研究，掌握其生物资源、物种及其与环境之间的相互作用规律。开展重点区域和典型物种生态监测研究，建立生物多样性评估指标体系。

建立陆海统筹生态环境协同系统，作为“舟山大脑”的首批典型应用项目之一，依托实时接收监测数据，综合运用多源图层叠加、各类数据交互和综合决策分析等技术，实现以陆海生态环境信息集成、绩效考核智能化动态管理为核心的“一张图”展示。助力精准防治近岸海域污染，为海洋环境监测提供了有力的技术支持。

（三）完善海洋生态保护的法律法规

舟山市已通过联合多个部门印发《舟山市重点海域综合治理攻坚战实施方案（2022—2025 年）》，明确了入海排污口排查整治、入海河流水质改善等重点任务。此外，舟山市还实施了海岸线综合整治，以应对基础设施、产业园区和土地开发等活动对生态环境带来的压力。这些措施共同构成了舟山群岛海域环境综合整治平台的基础。

为保护和改善舟山群岛新区生态环境，推进舟山群岛新区的可持续发展，建议完善相关现行法律法规，将“建设海洋经济强省”“生态省建设”等重要内容写入法律法规中。同时，在《浙江省海域使用管理条例》中增加“海洋生态补偿”的内容。建议由市海洋与渔业局牵头，会同有关部门，对舟山群岛新区的海域使用管理条例进行修改，增加生态补偿的内容，从制度上保障舟山群岛新区的可持续发展。此外，建议完善《浙江省渔业管理条例》和《浙江省海岸带保护条例》等地方性法规中关于海洋生态补偿的条款。

（四）加强海洋生态文明宣传教育

一是要加大海洋生态文明宣传力度，通过公益广告、宣传画、文艺作品等形式；二是要加大海洋环境教育力度，充分利用报纸、电视、广播等传统媒体和微博、微信等新兴社交媒体平台，广泛宣传海洋生态文明的重要性和紧迫性；三是要加大海洋环境科普教育力度，以社区为基本单元，开展海洋科普知识讲座、发放宣传手册等活动；四是要加大海洋环境教育培训力度，组建专门的海洋环境教育培训队伍，对渔民开展海洋生态环保培训；五是要加大海洋环境教育基地建设力度，将海岛生态环境教育基地建设作为海岛生态环境保护的一项重要内容，对危害海洋生态、污染海洋生态的各种行为实行严厉打击和严肃处理。

绿水青山就是金山银山。“一带一路”的提出与实施，给舟山旅游与生态环境协调发展带来了机遇，但同时也提出了更高要求。建议舟山要进一步提高思想认识，树立绿色发展理念，切实做好海岛旅游与生态环境协调发展的各项工作。同时要坚持科学发展观和树立正确政绩观，做到保护优先、适度开发、合理利用、永续发展；要进一步完善各项制度建设，构建高效运行机制，完善相关法律法规；要加强和改进海岛旅游与生态环境协调发展的规划、建设和管理工作。

五、完善环境保障，提升旅游服务水平

在共同富裕背景下的海岛旅游与生态环境协调发展中，完善保障措施和提升服务水平是非常重要的。以下是一些具体的建议：

一是加强基础设施建设，包括改善交通、通信和能源等基础设施，提高旅游服务的便利性和效率；二是提升人才培养和服务质量，加强旅游从业人员的培训和素质提升，提高他们的专业知识和服务技能，以提供更优质的旅游体验；三是完善旅游信息和导游服务，建立更完善的旅游信息系统，提供准确、及时的旅游信息，为游客提供更好的导游服务，提高游客满意度；四是强化安全保障措施，加强旅游安全管理，建立健全应急预案，确保游客的安全和权益；五是加强合作与协调，加强与相关部门和机构的协调合作，形成多方合力，共同推动保障措施的完善和服务水平的提升；六是通过完善保障措施和提升服务水平，可以提高海岛旅游的竞争力和吸引力，进而促进共同富裕背景下的海岛旅游与生态环境协调发展。

参考文献

[1] 莫惠君 , 王文威 , 黄佳欣等 . 海岛红色旅游发展探析 [J]. 合作经济与科技 ,2024(06):29–31.

[2] 喻可 . 乡村振兴背景下海岛旅游资源保护与发展研究——以广东省汕尾市屿仔岛为例 [J]. 农村 . 农业 . 农民 (B 版),2024(01):26–28.

[3] 蔡蕊 , 蔡昊 , 许双萍 . "湄洲人家", 游客流动的家 [N]. 湄洲日报 ,2024–01–05(B01).

[4] 谢聪颖 , 胡卫伟 , 黄康 . 我国海岛县旅游竞争力综合评价研究 [J]. 海洋开发与管理 ,2023,40(12):78–86.

[5] 浙江舟山：深耕海岛公园建设 打造滨海旅游胜地 [N]. 中国旅游报 ,2023–11–30(008).

[6] 李明峰 , 江磊 , 杨秀丽 . 海岛型旅游地旅游发展与生态环境耦合协调 [J]. 中南林业科技大学学报 ,2023,43(10):187–194.

[7] 何菁 . 解锁更多"旅游 +"新思路、新路径 [N]. 舟山日报 ,2023–10–14(001).

[8] 陈淑玲 , 周志勇 , 萧俊朗 . 绿色发展和文化赋能双重视阈下海岛旅游可持续发展探索——以广东阳江海陵岛为例 [J]. 商展经济 ,2023(18):42–45.

[9] 任欣颖 . 乡村振兴战略下广东珠海海岛文化旅游发展研究 [J]. 西部旅游 ,2023(17):21–23.

[10] 萧俊朗 , 周志勇 . 海陵岛旅游创新发展研究 [J]. 合作经济与科技 ,2023(13):21–23.

[11] 游筱婷 . 居民感知视角的海岛旅游高质量发展研究——以平潭国际旅

游岛为例 [J]. 广西经济 ,2023,41(03):15–23.

[12] 路晓彤 . 海岛县自助旅游流网络结构及形成机理研究 [D]. 辽宁师范大学 ,2023.

[13] 刘式妙 . 三亚蜈支洲岛智慧旅游景区建设及其游客满意度研究 [D]. 海南热带海洋学院 ,2024.

[14] 卢婧 . 烟台市长岛旅游开发策略研究 [D]. 海南热带海洋学院 ,2024.

[15] 夏海燕 . 旅游驱动下海岛人居环境的演化历程及影响机理 [D]. 浙江海洋大学 ,2024.

[16] 邓捷 . 海岛旅游开发生态影响及保护对策研究 [J]. 产业与科技论坛 ,2023,22(10):18–19.

[17] 矫军辉 . 长岛游客感知形象与官方投射形象对比研究 [D]. 鲁东大学 ,2023.

[18] 邵薏璇 . 海岛人居环境的时空特征及旅游驱动效应 [D]. 浙江海洋大学 ,2024.

[19] 金振英 . 海岛古城镇旅游业态评价指标构建 [J]. 特区经济 ,2023(04):156–160.

[20] 李朝阳 , 姚恒伟 . 习近平在福建工作期间对共同富裕的探索研究 [J]. 福建师范大学学报 (哲学社会科学版),2024(02):10–19+167.

[21] 王国新 , 高安琪 . 以“五个振兴”推动共同富裕的现实困境及破解路径 [J]. 华北水利水电大学学报 (社会科学版),2024,40(03):12–22.

[22] 李梅 . 共同富裕视角下第三次分配的逻辑观照与实践路径 [J]. 江苏社会科学 ,2024,(02):148–155.